增補改訂　調味料とたれ＆ソース　永久保存レシピ647

會調醬就超會煮！647

從家常菜到異國料理，
在家也能複製大廚手藝，
最值得永久保存、經典不敗的
調味料與醬汁全書

主婦之友社・編著／陳維玉・譯

目錄

本書使用方式

關於材料的份量

- 沒有特別標示的話，基本上約為4個人的份量。
- 淋醬或沾醬若標示為「易做的量」，讀者可依實際情況調整份量。

材料

- 指料理的醬汁和搭配的調味料等，如果是調味的重點，也會註明使用的食材。
- 調味料的作法分成攪拌、混合均勻後一次加入，以及依照順序加入兩種，請參考每一種醬料的作法說明。

作法

- 利用各種作法的調味料說明作料理的步驟。可以參考基本食譜，作出變化版料理。
- 淋醬或沾醬等，若只有材料便可完成，會說明攪拌混合的順序。

醬油 煮

大家都喜歡的經典美味

基本的馬鈴薯燉肉

材料（4人份）

醬汁

高湯…1杯
醬油…4大匙
砂糖…4大匙

Memo

為了讓食材入味，務必要完全浸泡到醬汁中並煮至醬汁收乾。若喜歡較甜的味道，可以再加2大匙的味醂。

基本食譜

材料（4人份）

喜歡的肉（豬肉、牛肉等）…200克
馬鈴薯…3個
洋蔥…1個
上述材料製成的醬汁
麻油…1大匙
可加入其他喜愛的食材…
紅蘿蔔、蒟蒻絲、豌豆…適量

作法

1 馬鈴薯切成4塊，洋蔥切成3公分寬的扇形，肉類切成容易食用的大小。
2 將麻油倒入鍋中加熱後，翻炒步驟1。
3 加入醬汁煮滾後轉中小火，撈除浮沫加蓋煮到食材變軟即可。

鬆軟濃郁的味噌味

味噌馬鈴薯燉肉

材料

醬汁

高湯…2杯
酒…3大匙
砂糖…2大匙

牛奶…1.5杯

作法

和基本食譜相同，醬汁在步驟3時加入。為了要保留味噌的風味，最後從鍋中取出少許的醬汁來溶化味噌後，再倒回鍋中。

馬鈴薯燉豬肉？馬鈴薯燉牛肉？

據說馬鈴薯燉肉是明治時代的海軍參考燉牛肉的作法發展出的料理。通常關西地區會使用牛肉，東日本有些地區也會用豬肉來做。

用牛奶增加溫和滑順的口感

白醬馬鈴薯燉肉

材料

醬汁

酒…4大匙
味醂…2大匙
鹽…1大匙

牛奶…1.5杯

作法

和基本食譜相同，醬汁在步驟3時加入。牛奶另外加熱後，最後再倒入。起鍋前加入適量的奶油也很美味。

薑汁使料理變得清爽

薑汁馬鈴薯燉肉

材料

醬汁

高湯…1杯
砂糖…2大匙
醬油…1.5大匙
薑絲…1塊份

作法

和基本食譜相同，醬汁在步驟3時加入。

添加番茄

如果喜歡清爽的味道，建議可以加入新鮮番茄。將番茄放入沸騰的熱水中去皮後再去籽，就不會有太多水分，口感較佳。

新馬鈴薯

新馬鈴薯連皮一起煮，可以增添料理更有層次的口感，讓味道加入薑汁高湯中燉煮，也可和油脂較多的豬五花肉一起烹調，增加料理的變化。

12

基本材料

- 經典料理的基本調味；可以先試著做出令人熟悉的味道。

基本食譜

- 經典料理的基本作法；用基本食譜可以變化出各種味道的衍生食譜。
- 基本食譜中的調味料或醬料可以自由變換，找出自己喜愛的作法。

關於食譜用語的補充說明

- 1小匙＝5毫升，1大匙＝15毫升，1杯＝200毫升；但煮米飯時的1杯為180毫升＝1合。
- 高湯若沒有特別標示的話，是指用柴魚片或昆布等熬出的和風高湯，可以參考164頁自己製作。若要使用市售的高湯，請先依照包裝說明，用熱水溶解備用。高湯粒、高湯塊、高湯粉可用來做西式料理的湯底，雞骨高湯請用在中式料理上。
- 調味料方面若沒有特別標示，醬油是指濃口醬油，麵粉指低筋麵粉，砂糖指上白糖，油則為沙拉油。
- 微波爐加熱時間，以使用600瓦的火力為依據。瓦數或加熱強度依廠牌機型而有所不同，請視實際情況自行調整。
- 若製作的醬料、沾醬無法一次使用完畢，請放在冰箱裡保存、二至三天內使用完畢。

醬油・鹽

Soy sauce, Salt

醬油

食鹽含量

濃口醬油每100克有14.5克的鹽，薄口醬油的鹽分稍多有15.5克。

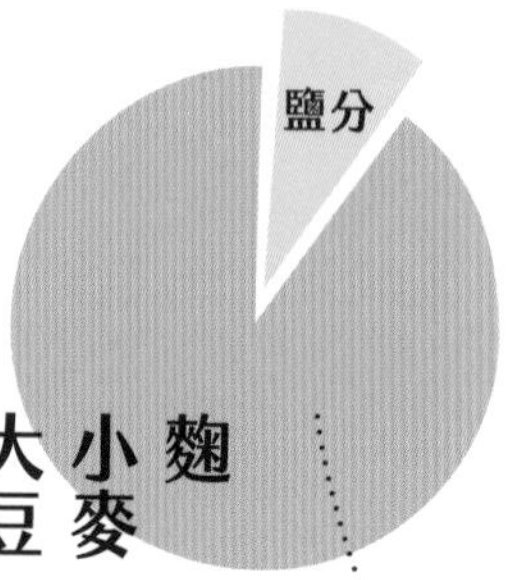

關於麴

麴是將米、麥或大豆等穀物蒸熟後放涼，再混合麴菌使之繁殖發酵的產物。不但使用在釀酒、製造味噌、釀造醬油上，也會用來做味醂和醋。

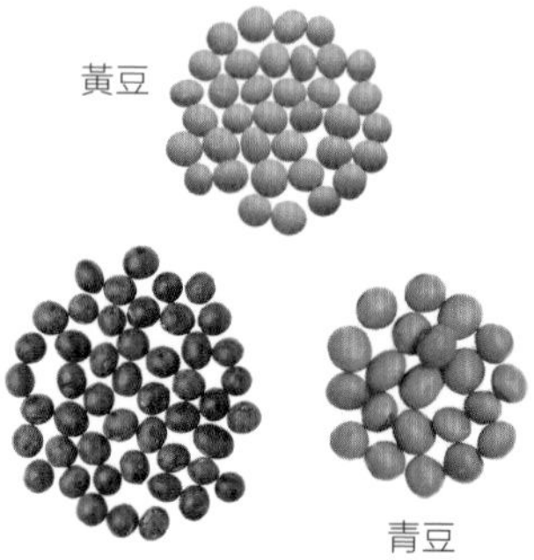

大豆的種類很多，醬油最常見的原料是黃豆。

關於大豆

因具有多種優質蛋白，也稱為「田裡的肉」。自古以來日本人將大豆自然的營養充分融入於日常飲食文化中。

萬能調味料

醬油是均衡擁有甜味、酸味、鹹味、苦味、鮮味五種風味的調味料。從壽司、生魚片、蕎麥麵、烏龍麵，到每個家庭的家常料理，所有日本料理都無法缺少醬油的存在。

以醬油為基底的調味料種類繁多，例如混合其他的調味料或香辛料，可做成照燒醬或烤肉醬、與酸味搭配則變成和風淋醬或柑橘醋醬油等。醬油也因為和食的風潮席捲世界，而變成世界各國人民熟悉的醬料之一。

醬油的特徵在於它的色澤、甘醇和香氣，用於料理的功能也各有不同。讓我們充分掌握這種不限於日本料理、在各種菜餚都能派上用場的萬能調味料吧！

醬油也是發酵食品

簡單來說，醬油是種以大豆、小麥、鹽為原料製成的發酵食品。更進一步詳細解釋的話，是將蒸過的大豆和小麥攪拌均勻，加入種麴製造「麴菌」，再與食鹽水一起做成「醪」，經過反覆攪拌進行發酵、熟成後即為醬油。

醬油可大致分為濃口、薄口、溜醬油、甘露（再仕込み）醬油、白醬油五大類。容易令人誤解的是濃口和薄口醬油的差別並不是味道的濃淡，而是在色澤濃淡上有所不同。薄口

使用方式

除了濃口醬油之外，依照用途的不同也有各種適合搭配的醬油。醬油除了在釀造方式有所差異之外，也有減少鹽分的薄鹽醬油和使用有機食材製成的有機醬油，還有加入高湯的高湯醬油等多種選擇。

料理效果

- 有去除生食腥味的效果，吃生魚片時會沾醬油也是這個原因。

- 加熱後會散發香氣和光澤。
- 有殺菌效果，佃煮和醬油漬便是運用這個原理。
- 能帶出食材的鮮甜美味。
- 可抑制鹽分，太鹹的料理只加少許醬油調味即可。

保存方法

醬油放置的時間越久，色澤會變濃，風味也會變差，最好保存於陰涼處。現在市面上也有銷售能阻隔空氣的保存容器，可善加利用。

濃口醬油

一般指的醬油就是濃口醬油。廣泛運用在廚房和餐桌上。

建議搭配料理
皆可

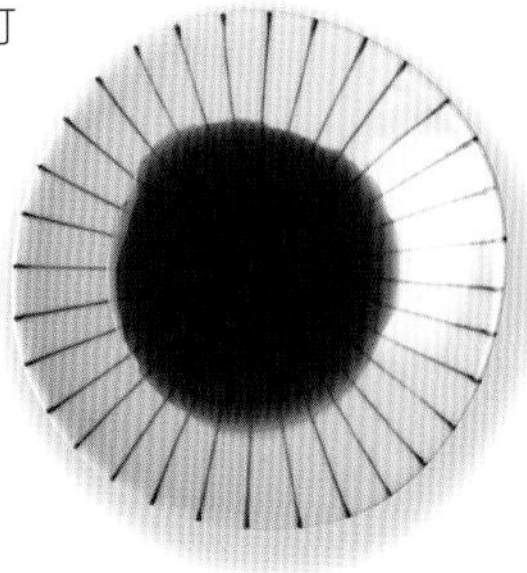

白醬油

為淡琥珀色，甜味重。也是白高湯這種調味料的原料。

建議搭配料理
清湯類
茶碗蒸

薄口醬油

京都料理中常使用薄口醬油。想突顯食材的色澤或風味時也可使用。

建議搭配料理
清湯類

選擇方式、種類

各種醬油的味道、色澤、濃淡、香味都不同。有時也可嘗試沒有用過的醬油，運用在料理中互相比較其中差異。

甘露醬油

日本山陰地區到九州地區的特產，色澤、味道、香氣都非常濃郁。

建議搭配料理
生魚片

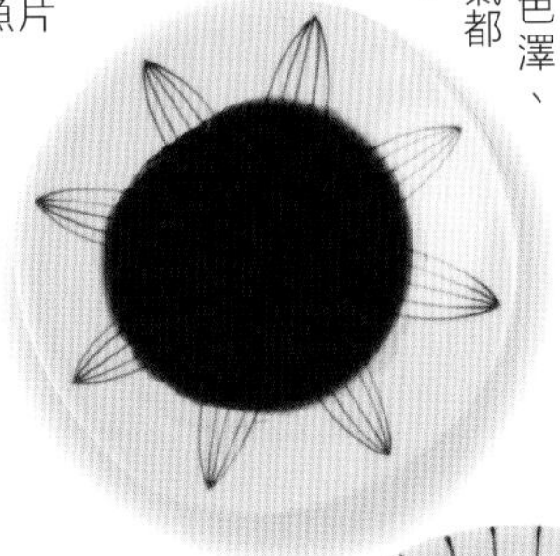

溜醬油

特色是鮮甜濃郁、較黏稠且具有獨特香氣。適合搭配壽司、生魚片等料理。

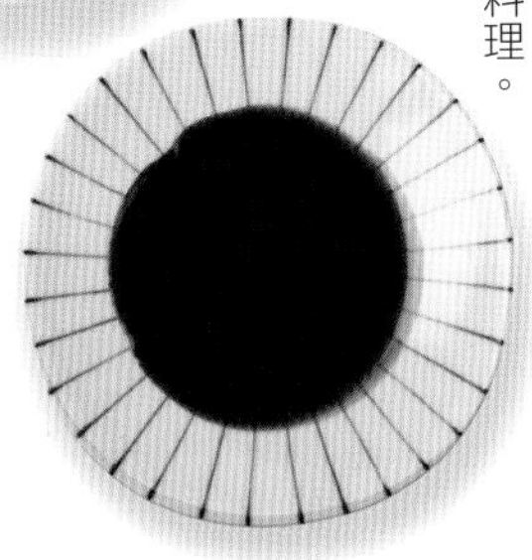

建議搭配料理
照燒類
甘煮類

醬油的鹽分含量反而比濃口醬油來得高，所以想要控制鹽分攝取的話，請選購薄鹽而非薄口醬油。

濃口醬油起源於江戶時代？

醬油最早是為了鹽漬食材以延長食物保存期限而生，其根源可追溯至大約三千年以前古代中國的「醬」。傳說日本在鎌倉時代由中國傳入徑山寺味噌，其「醬」所產生的汁液，就是現在的「溜醬油」。

「醬」到後來流傳至日本各地，便出現各具地方特色的釀造醬油。江戶風的濃口醬油據說即是在江戶時代釀造而成，關西和關東烏龍麵湯底的差別也是從這個時代開始，發展出不同的流派。

大家都喜歡的經典美味

基本的馬鈴薯燉肉

材料（4人份）

醬汁

- 高湯…1杯
- 醬油…4大匙
- 砂糖…4大匙

Memo

為了讓食材入味，務必要完全浸泡到醬汁中並煮至醬汁收乾。若喜歡較甜的味道，可以再加2大匙的味醂。

基本食譜

材料（4人份）

喜歡的肉（豬肉、牛肉等）…200克
馬鈴薯…3個
洋蔥…1個
上述材料製成的醬汁
麻油…1大匙
可加入其他喜愛的食材…

- 紅蘿蔔、蒟蒻絲、豌豆…適量

作法

1 馬鈴薯1個切成4塊，洋蔥切成3公分寬的扇形，肉類切成容易食用的大小。

2 將麻油倒入鍋中加熱後，翻炒步驟1。

3 加入醬汁煮滾後轉中小火，撈除浮沫加蓋煮到食材變軟即可。

鬆軟濃郁的味噌味

味噌馬鈴薯燉肉

材料

醬汁

- 高湯…2杯
- 酒…3大匙
- 砂糖…2大匙

味噌…1.5大匙

作法

和基本食譜相同，醬汁在步驟3時加入。為了要保留味噌的風味，最後從鍋中取出少許的湯汁來溶化味噌後，再倒回鍋中。

馬鈴薯燉豬肉？馬鈴薯燉牛肉？

據說馬鈴薯燉肉是明治時代的海軍參考西方燉牛肉的作法發展出的料理。通常關西等多數地區會使用牛肉，東日本有些地區則會用豬肉來做。

用牛奶增加溫和滑順的口感

白醬馬鈴薯燉肉

材料

醬汁

- 酒…4大匙
- 味醂…2大匙
- 鹽…1大匙

牛奶…1.5杯

作法

和基本食譜相同，醬汁在步驟3時加入。牛奶另外加熱後，最後再倒入。起鍋前加入適量的奶油也很美味。

薑汁使料理變得清爽

薑汁馬鈴薯燉肉

材料

醬汁

- 高湯…1杯
- 砂糖…2大匙
- 醬油…1.5大匙
- 薑絲…1塊份（份量請參考P.178）

作法

和基本食譜相同，醬汁在步驟3時加入。

添加番茄

如果喜歡清爽的味道，建議可以加入新鮮番茄。將番茄放入沸騰的熱水中去皮後再去籽，就不會太軟爛，口感較佳。

新馬鈴薯

新馬鈴薯連皮一起煮，可以增添料理的口感，讓味道更有層次。也可加入薑汁高湯中燉煮或和油脂較多的豬五花肉一起烹調，增加料理的變化。

美味的最佳組合
基本的白蘿蔔燉鰤魚（青甘魚）

材料（4人份）
醬汁
- 高湯…1.5杯
- 酒…1/2杯
- 味醂…3大匙
- 醬油…3大匙
- 砂糖…1大匙
- 薑片…1塊份

Memo
薑片可去除魚腥味。薑的切法可以根據個人喜好，切絲、切薄片、磨成薑泥或榨成薑汁作多樣變化。

基本食譜
材料（4人份）
鰤魚（切片）…4片
白蘿蔔…1/2小根
上述材料製成的醬汁
沙拉油…3大匙

作法
1. 白蘿蔔去皮，切成1.5公分的半月形。
2. 將沙拉油倒入平底鍋中加熱，依序放入白蘿蔔和鰤魚煎至表面上色，再一起取出並用熱水沖一下。
3. 醬汁倒入鍋中煮滾，放進白蘿蔔後加蓋煮10分鐘。再加入鰤魚後蓋上鍋蓋燉煮約15分鐘。

先微波處理
快速版白蘿蔔燉鰤魚

材料
醬汁
- 高湯…1杯
- 醬油…1.5大匙
- 酒…1大匙
- 砂糖…1大匙
- 薑絲…1塊份

作法
白蘿蔔切稍薄，燉煮前先微波加熱約6分鐘。將醬汁倒入鍋中煮滾，再放入白蘿蔔和鰤魚燉約15分鐘。

建議搭配青背魚的清爽口味
清爽燉魚

材料（4片魚）
醬汁
- 昆布高湯…3杯
- 薄口醬油…2大匙
- 酒…2 大匙
- 薑泥…1塊份

作法
在鍋中放入昆布高湯和先汆燙處理過的魚，煮熟後倒入薄口醬油和酒。盛盤後可依個人喜好搭配薑泥食用。

經典簡單燉魚料理之一
燉鰈魚

材料（4片魚）
醬汁
- 水…1杯
- 酒…1杯
- 砂糖…1.5大匙
- 醬油…4 大匙
- 薑片…1塊份

作法
在鍋中倒入醬汁煮滾，放入鰈魚後加蓋燉煮。

溜醬油是美味關鍵
燉鮪魚

材料（鮪魚240克）
醬汁
- 酒…1/2杯
- 味醂…2大匙
- 砂糖…1大匙

薑汁…1塊份
溜醬油…1大匙

作法
在鍋中放入高湯和先汆燙處理過的鮪魚、蔥煮滾，再加入溜醬油和薑汁燉煮約15分鐘。

鰤魚和鰈魚

油脂豐富、風味濃郁的鰤魚和味道清淡的白蘿蔔等蔬菜非常搭配。像鰈魚等白肉魚，不加高湯燉煮則是為了保留魚肉原本的鮮甜。

甜辣度適中
基本的金平牛蒡

材料（4人份）
醬汁
- 酒…2大匙
- 砂糖…2大匙
- 醬油…2大匙

油：麻油…1大匙
辣度：紅辣椒切小段…1/2小條份

Memo
增減紅辣椒的份量能調整辣度，和辣椒籽一起切成小段辣度更高。依據個人喜好，紅辣椒可換成胡椒、麻油可替換成橄欖油。

基本食譜
材料（4人份）
牛蒡、紅蘿蔔、蓮藕等自己喜歡的蔬菜…總共約200克
上述材料製成的醬汁
油
產生辣度的食材

作法
1 蔬菜類切薄片或細絲，依個人喜好而定。
2 用炒鍋先熱油，加入辣味和步驟1的蔬菜後翻炒。
3 翻炒均勻後，加入醬汁再炒煮到完全收乾即可。

充滿胡椒香氣
胡椒金平牛蒡

材料
醬汁
- 高湯…1/2杯
- 砂糖…1小匙
- 醬油…1大匙
- 味醂…1大匙

油：麻油…1大匙
辣度：胡椒…1/2大匙

作法
參考基本食譜，因醬汁的量較多，需加熱較久，蔬菜要切得較厚些。

橄欖油風味也適合搭配麵包或葡萄酒
西式金平牛蒡

材料
醬汁
- 酒…2大匙
- 醬油…1大匙

油：橄欖油…1大匙
蒜末…2瓣份
辣度：黑胡椒…1/2大匙

作法
參考基本食譜，在步驟2改用橄欖油炒香大蒜後再加入醬汁。有辣度的黑胡椒在起鍋前撒上，加入培根翻炒會更加美味。

以鮮甜的鰹魚醬油調味
鰹魚醬油金平牛蒡

材料
醬汁：鰹魚醬油
（請參考P.24）…2大匙
油：沙拉油…1大匙
辣度：七味唐辛子…適量

作法
參考基本食譜，七味唐辛子在步驟3的醬汁完全收乾時加入。適合搭配土當歸這類能保留食材原本風味的根莖類蔬果。

大受歡迎的咖哩風味，也可加牛肉
咖哩金平牛蒡

材料
醬汁
- 咖哩粉…1/2大匙
- 番茄醬…1大匙
- 醬油…1大匙
- 砂糖…1小匙

油：沙拉油…1.5大匙
巴西利（洋香菜）…適量

作法
參考基本食譜，巴西利在步驟3完成時加入，再加上先用鹽和胡椒調味的牛肉一起炒也很美味。

三色金平牛蒡
金平牛蒡裡通常都會有紅蘿蔔和牛蒡，如果喜愛芹菜，一起加進去也很好吃。芹菜的香氣較濃，調味時只需淋上少量的醬油和味醂即可。

吃不膩的方便常備菜

基本的紅燒肉（角煮）

材料（4人份）

醬汁
- 醬油…4大匙
- 砂糖…4大匙
- 酒…1/2杯
- 水…1.5杯

Memo

這道料理即使放涼依然美味，熟練調味方法後非常方便。建議可以加入孩子喜愛的滷蛋一起燉煮，增加份量。

基本食譜

材料（4人份）

豬五花或豬腿肉…400克
蔥綠…1根份
薑片…3片
上述材料製成的醬汁
可加入其他喜愛的食材…
- 水煮蛋、黃芥末…各適量

作法

1 在鍋中放入大量熱水煮沸，先汆燙豬肉去除血水和雜質。

2 將步驟1的豬肉放進鍋中，重新加水淹過豬肉，再放入蔥、薑燉煮約1小時後取出，切成適合食用的大小。

3 將豬肉和醬汁放入鍋中加蓋燉煮約20分鐘。這時可以放入水煮蛋，試試看味道後再燉約5分鐘。也可依個人喜好先將肉取出後才放蛋，讓蛋更入味，或加上黃芥末醬享用，也另有一番風味。

多種食材的高湯讓滋味更濃郁

筑前煮

材料

醬汁
- 砂糖…1大匙
- 味醂…2大匙
- 酒…2大匙
- 醬油…4.5大匙

沙拉油…適量

作法

在鍋中倒入沙拉油和食材一起炒，再加入剛好淹過食材的水量煮沸後，加進醬汁燉煮約15分鐘。

梅酒使風味清爽而優雅

梅酒紅燒肉

材料

醬汁
- 梅酒…1/2杯
- 梅酒中的梅子…4顆
- 水…1.5杯

醬油…2大匙

作法

參考基本食譜。醬油在步驟3煮約20分鐘後，視味道斟酌加入。

梅酒煮

加梅酒燉煮的紅燒肉帶有溫和醇厚的甜味，加入梅酒中的梅子，風味更香濃。最後，可視味道濃淡再用醬油調整鹹度。

經典味道豆皮

基本的豆皮壽司豆皮

材料（6片豆皮）

醬汁
- 高湯…2杯
- 味醂…4大匙
- 砂糖…6大匙
- 醬油…6大匙

作法

把醬汁倒入鍋中煮滾，放進豆皮後加蓋用小火煮約15分鐘到醬汁收乾。

味道高雅的豆皮

清爽豆皮

材料（6片豆皮）

醬汁
- 高湯…1.5杯
- 砂糖…2大匙
- 味醂…4大匙
- 醬油…4大匙

作法

參考基本食譜。

在豆皮中塞入壽司飯（請參考P.56），即是豆皮壽司。

家中也能品嘗的經典好味道

基本的牛丼

材料（4人份）

醬汁

- 水…1又1/3杯
- 醬油…5大匙
- 砂糖…2大匙
- 味醂…2大匙
- 酒…2大匙

Memo

有了這款醬汁，只要再加牛肉和洋蔥就可輕鬆簡單做出美味且令人想再三品嘗的牛丼。可搭配大量紅薑和味噌湯一起享用。

基本食譜

材料（4人份）

米飯…丼飯4碗份
牛五花薄片…400克
洋蔥…1/2個
青豆仁（冷凍）…1大匙
上述材料製成的醬汁

作法

1 牛肉切成3公分寬，洋蔥順著纖維切成0.5公分的寬度，並解凍青豆仁。

2 用鍋子煮滾醬汁，放入洋蔥煮熟。加入牛肉後，邊撈除浮沫煮約7分鐘。

3 將米飯盛到碗中，將步驟2的成品分成4等份淋在飯上，再撒上青豆仁即可。

令人懷念的古早味

古早味牛丼

材料（4人份）

調味料

- 番茄醬…6大匙
- 伍斯特醬…4大匙
- 醬油…2大匙
- 黃芥末…1大匙

沙拉油…適量

作法

1 只要把基本食譜的步驟2替換成下述作法即可。

2 將沙拉油倒入平底鍋中加熱，依序放入洋蔥、牛肉拌炒，等肉變色後加入調味料翻炒均勻即可。

味道清爽鮮美

清爽親子丼

材料（4人份）

醬汁

- 水…1/2杯
- 香菇醬油（作法請參考下方）…6大匙

作法

和基本食譜相同，在步驟2煮滾醬汁。

除了親子丼外，也適合做炒醬

香菇醬油

材料（易作的量）

鰹魚醬油…1/2杯
酒…1/2杯
砂糖…3大匙
味醂…2小匙
乾香菇（切片）…10克

作法

將全部材料放入鍋中，以中火煮滾並去除浮沫。再用小火煮約30秒。靜置3小時以上再使用。

受大眾喜愛的傳統經典口味

基本的親子丼

材料（4人份）

醬汁

- 高湯…2杯
- 酒…1.5大匙
- 砂糖…2大匙
- 味醂…1大匙
- 醬油…4大匙

Memo

最好使用做丼飯專用的鍋具，若沒有的話也可以使用較小的鍋子或平底鍋代替，最好是一次製作一人份。

基本食譜

材料（1人份）

米飯…丼飯1碗份
雞腿肉…1/2片
洋蔥…1/4個
鴨兒芹…適量
蛋…1個
上述材料製成的醬汁1人份

作法

1 把雞肉切成適合食用的大小，洋蔥先對半切，再切成寬0.3公分的洋蔥絲，鴨兒芹切成3公分長。

2 將1/4的醬汁倒入小型平底鍋裡以中火煮，加入雞肉和洋蔥。

3 將雞肉浸泡在醬汁裡，一邊翻面一邊煮熟後，把雞蛋打散以畫圈的方式倒入鍋中。

4 等蛋液成半熟狀後，加入鴨兒芹，再盛到米飯上。

下飯的經典美味
基本的薑汁燒肉

材料（豬肉400克份）

燒肉醬
- 醬油…3大匙
- 味醂…2大匙
- 酒…1大匙
- 薑泥…1塊份

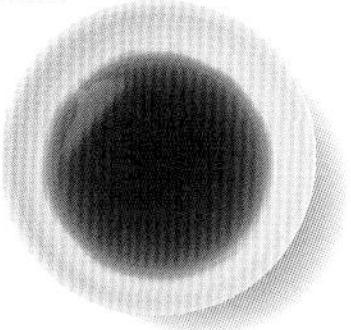

Memo

薑汁燒肉是非常受人歡迎的菜色，但很容易落入一成不變，可善加運用多種能發揮薑汁風味的燒肉醬來做變化。

基本食譜

材料（4人份）

豬肉片…400克
上述材料製成的燒肉醬
麵粉…2大匙
沙拉油…1大匙

作法

1 為了不讓豬肉在料理過程中縮得太小片，先將筋切斷再撒上麵粉。
2 把燒肉醬攪拌均勻。
3 將沙拉油倒入平底鍋中加熱，肉片分兩次煎，用大火將豬肉表面煎熟後取出。
4 將所有肉片放回平底鍋中，加入步驟2的燒肉醬煮滾，讓每片肉都均勻裹上醬汁。

充滿蠔油的濃厚香氣
中式薑汁燒肉

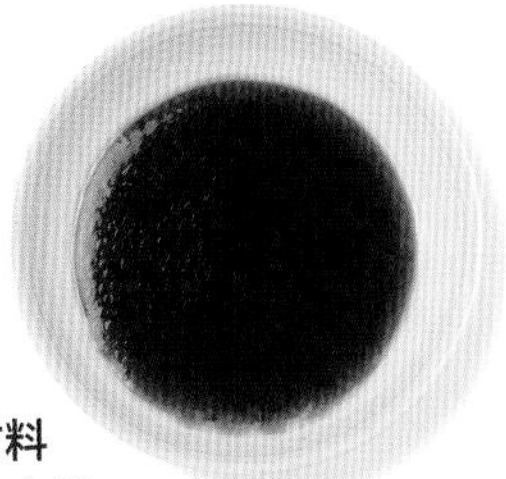

材料

燒肉醬
- 蒜泥…1瓣份
- 薑泥…1塊份
- 醬油…3大匙
- 蠔油…3大匙
- 麻油…3大匙
- 酒…1.5大匙
- 味醂…2小匙
- 豆瓣醬…2小匙
- 砂糖…2小匙

作法

和基本食譜相同，燒肉醬在步驟2時調勻，在步驟4時加入。

用洋蔥泥帶出清爽甜味
清爽薑汁燒肉

材料

燒肉醬
- 洋蔥泥…2大匙
- 醬油…2.5大匙
- 酒…2.5大匙
- 薑汁…1 塊份
- 砂糖…1大匙
- 醋…1大匙

作法

可參考基本食譜，但在步驟2調勻燒肉醬時，請先快炒一下洋蔥泥再拌入醬汁中。

加入柑橘香氣的現代風
西式薑汁燒肉

材料

燒肉醬
- 柑橘…1個
- 薑泥…1 塊份
- 鹽…1小匙
- 巴薩米克醋…2大匙
- 白酒…2大匙

作法

和基本食譜相同，燒肉醬在步驟2時調勻，步驟4時加入。同時磨一些柑橘皮屑並與切碎的果肉一起加入。

用味噌增添濃郁和風
味噌薑汁燒肉

材料

燒肉醬
- 紅味噌…2大匙
- 砂糖…1小匙
- 酒…4大匙
- 味醂…4大匙
- 薑泥…2大匙

作法

和基本食譜相同，燒肉醬在作法的步驟2時調勻，在步驟4時加入。

柑橘薑汁燒肉

柑橘汁和巴薩米克醋的酸味可以為傳統的薑汁燒肉增添變化，讓風味變得清爽又現代，柑橘的果香，則能為用餐時光增添樂趣和奢華感。

照燒雞肉

超好記的照燒醬黃金比例

材料（雞腿肉2片份）

醬汁
- 醬油…2大匙
- 味醂…2大匙

Memo

照燒是能讓菜餚的色澤和香氣變得相當誘人的下飯醬汁。即使放涼也很美味，很適合做便當菜。

基本食譜

材料（4人份）

雞腿肉…2片

上述材料（基本醬汁或依個人喜好調整為稍甜）的醬汁

依個人喜好…
- 獅子唐辛子（又稱日本小青椒）…適量

作法

1 用叉子在雞腿肉的兩面刺幾個洞，快速炒一下獅子唐辛子。

2 將沙拉油倒入平底鍋中加熱，放入雞肉用大火將兩面煎至上色，在轉成中火後加蓋，悶煎5分鐘左右。

3 打開鍋蓋，把醬汁均勻淋上肉片。

如喜歡較甜的口味，可以加入蜂蜜，會有溫和的甜味。

材料（4人份）

醬汁
- 醬油…1.5大匙
- 酒…1.5大匙
- 味醂…1.5大匙
- 蜂蜜…2大匙
- 鹽、胡椒…少許

照燒雞肉丸

多點味醂增加色澤

材料（雞絞肉300克份）

燒肉醬
- 醬油…2大匙
- 味醂…3大匙

作法

將沙拉油倒入平底鍋中加熱，放入雞肉丸煎到兩面上色，均勻加入醬汁煮到收乾。

照燒肉捲

醬香滿溢的便當菜

材料（牛肉240克份）

醬汁
- 醬油…1大匙
- 砂糖…1/2大匙
- 酒…1大匙

麵粉…適量

作法

用牛肉捲起汆燙過的紅蘿蔔和四季豆（敏豆），撒上麵粉後放入鍋中煎熟後，均勻倒入醬料並煮到收汁。

中式照燒

用紹興酒做變化

材料

醬汁
- 醬油…1大匙
- 紹興酒…1大匙
- 砂糖…1小匙

作法

和基本食譜相同。醬汁在步驟3時加入，豆瓣醬或柚子胡椒也是美味的搭配。

雞肉料理醬料、牛肉料理醬料

風味清淡的雞肉搭配稍甜的照燒醬，風味鮮甜的牛肉適合醬油風的清爽醬汁。牛腿肉適合清淡的味道，牛里肌則可變身為宴客的菜餚。

牛肉

雞肉

下飯的甘甜醬汁
基本的照燒鰤魚

材料（鰤魚4片份）

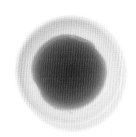

醬汁
- 醬油…2大匙
- 味醂…2大匙
- 酒…3大匙
- 砂糖…1大匙

Memo

用平底鍋即可迅速完成的鮮魚料理，實在令人開心。先在鰤魚上灑鹽能去除多餘水分和腥味，是必須記住的美味小祕訣。

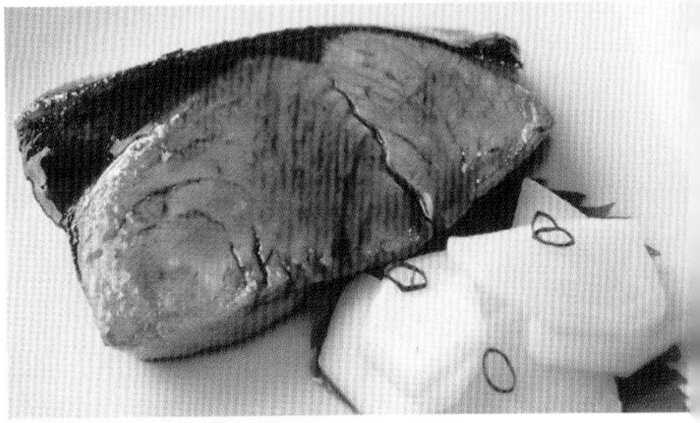

基本食譜

材料（4人份）

鰤魚…4片
上述材料製成的醬汁
鹽…適量

作法

1. 鰤魚兩面抹鹽後靜置15分鐘，擦乾水分。
2. 調勻醬汁。
3. 平底鍋加熱後放入步驟1的鰤魚，兩面煎至上色。
4. 擦拭一下平底鍋中多餘的油脂，將醬汁以畫圓的方式均勻倒在鰤魚上，讓魚片兩面都浸泡到醬汁後，煮到醬汁收乾。

適合沙丁魚或秋刀魚等青背魚
蒜香照燒

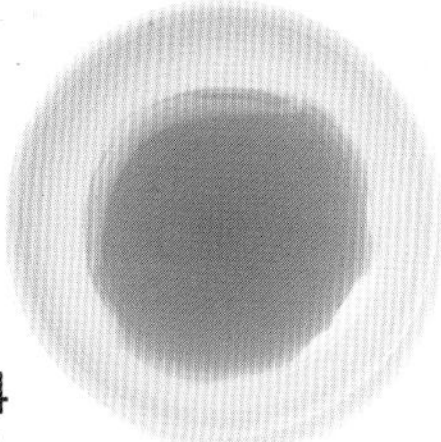

材料

醬汁
- 蒜泥…2瓣份
- 醬油…3大匙
- 味醂…2大匙
- 酒…2大匙
- 砂糖…1大匙
- 水…4大匙

作法

和基本食譜相同，醬汁在步驟2時調勻，步驟4時倒入。若用竹筴魚或沙丁魚，請把魚身剖開再料理。

適合鰤魚等油脂豐富的魚類
清爽醃漬烤魚

材料（魚4片份）

沾醬
- 醬油…50毫升
- 酒…50毫升

作法

調勻沾醬，放入4片魚片醃漬5小時左右後，將魚兩面均勻烤熟。

適合白帶魚、鮭魚或尖梭魚
柚香照燒烤魚

材料（魚4片份）

沾醬
- 醬油…3大匙
- 味醂…2大匙
- 柚子切片…4片

作法

調勻沾醬，放入4片魚片醃漬15分鐘左右後，將魚兩面均勻烤熟。

適合鱈魚等風味清淡的魚
南蠻醬烤魚

材料（魚4片份）

沾醬
- 味醂…4大匙
- 醬油…4大匙

蔥末…2大匙
咖哩粉…1/2大匙

作法

調勻沾醬，放入魚片醃漬20分鐘左右。把蔥末放在魚片上後將魚烤熟，最後撒上咖哩粉。

風味清淡的魚適合搭配的燒烤醬

吃起來味道清淡的白肉魚，可舖上大量蔥末後燒烤，最後再撒上咖哩粉，能讓魚肉更加美味。

鱈魚

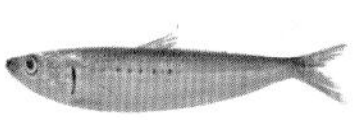

沙丁魚

不愛魚腥味的人

不愛吃魚的孩子，應該會喜歡吃用大蒜去除魚腥味的照燒料理，媽媽可以嘗試用營養豐富的沙丁魚或秋刀魚等青背魚來製作。魚要先從魚皮面開始烤，才有焦香酥脆的口感。

燒肉醬

以下介紹的醬汁能讓你在家烤肉或與親友一起烤肉時，做出令人驚豔的美味燒烤！預先用適合各種肉類的醬汁醃漬，即可享受不同的美味。

豬肉

口味不過重，大人也喜歡

基本肋排醬

材料（肋排800克份）

洋蔥泥…1/4顆份
蒜泥…1瓣份
紅酒…1/4杯
番茄醬…2大匙
醬油…1大匙
鹽…1小匙
胡椒、肉豆蔻…各少許

作法

將所有材料混合均勻，把肉片放入醬料後，用手搓揉抓勻使其入味。

牛肉

用薑增加清爽滋味

清爽燒肉醬

材料（肉400克份）

醬油…4大匙
醋…2大匙
蜂蜜…2大匙
麻油…2大匙
蒜泥…1小匙
薑泥…1小匙

作法

將所有材料混合均勻，把肉片放入醬料後，用手搓揉抓勻使其入味。

令人上癮的甜辣好味道

香辣肋排醬

材料（肋排800克份）

醬油…2大匙
魚露…1大匙
三溫糖…3大匙
紹興酒…2大匙
醋…1大匙
蒜泥…2瓣份
胡椒…少許

作法

將所有材料混合均勻，把肉片放入醬料後，用手搓揉抓勻使其入味。

馥郁紅酒香的奢華風

牛排風燒肉醬

材料（肉400克份）

紅酒…1/2杯
醬油…2小匙
砂糖…1小匙
洋蔥泥…1/4顆份
薑泥…1瓣份
蒜泥…1小瓣份

作法

將所有材料放入鍋中後加熱，煮滾後關火冷卻，將灑了鹽和胡椒的肉醃漬其中。

基本的醃漬醬料

適合各種肉類的基本醬油燒肉醬

醬油燒肉醬

材料（肉400克份）

砂糖…1又1/3大匙
酒…3大匙
醬油…4大匙
胡椒…少許
辣椒粉…少許
蒜泥…1瓣份
蔥末…1大匙
麻油…1大匙
白芝麻粉…1大匙

作法

將所有材料混合均勻，把肉片放入醬料後，用手搓揉抓勻使其入味。

濃醇味噌風，適合各種肉類

味噌燒肉醬

材料（肉400克份）

味噌…5大匙
酒…2大匙
味醂…2大匙
砂糖…1大匙
蔥末…約10公分份

作法

將所有材料混合均勻，把肉片放入醬料後，用手搓揉抓勻使其入味。

燒肉沾醬

肉烤熟後的沾醬。能提味解膩，讓人大快朵頤。

醬油沾醬

適合各種料理的萬用沾醬

材料

醬油…1/2杯
蜂蜜…2大匙
薑汁…2小匙
蒜泥…1瓣份
酒…3大匙
白芝麻粉…1~2大匙

作法

先將酒煮滾，使酒精揮發後，再加入所有材料混合拌勻，適合沒有醃漬過的烤肉。

檸檬霜醬

清爽酸味是烤肉最佳拍檔

材料

檸檬汁…1大顆份
磨碎的檸檬皮…1大個份
白蘿蔔泥…6大匙
高湯…1大匙
醬油…2小匙
鹽…少許

作法

將所有材料攪拌混合均勻。想讓醃漬過的重口味烤肉變得清爽時適用。

美乃滋沾醬

濃醇酸味的變化版沾醬

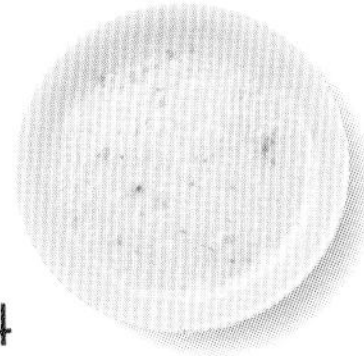

材料

醋…3大匙
鹽…2小匙
砂糖…4小匙
胡椒…少許
沙拉油…4.5大匙
美乃滋…2小匙

作法

將所有材料依上述順序攪拌混合均勻，適合沒有醃漬過的烤肉或蔬菜燒烤。

BBQ沾醬

孩子最喜歡的味道

材料

伍斯特醬…3大匙
番茄醬…3大匙
洋蔥泥…1大匙

作法

將所有材料攪拌混合均勻即可當烤肉沾醬。

蔥鹽沾醬

芝麻和蔥讓風味更清爽

材料

蔥末…2大匙
鹽…1.5小匙
白芝麻粉…1大匙
麻油…2大匙

作法

用鹽揉搓蔥末，再和其他材料以小火拌炒約1分鐘。蔥鹽醬不但適合烤肉，也能用在炒菜上。

烤雞醬

雞肉

溫和獨特的和風醬料

材料

醬油…1/2杯
味醂…1/2杯
粗砂糖…60克

作法

將所有材料放入鍋中後加熱，煮滾後關火放涼再塗上雞肉燒烤。

沙嗲醬

東南亞的串燒料理

材料

調味花生醬（請參考下則作法）…6大匙
蒜泥…2小匙
薑泥…2小匙
醬油…1小匙
酒…2大匙
鹽、胡椒…各少許

作法

將所有材料混合均勻，等肉快熟時塗上醬料，烤到上色。

調味花生醬

材料

花生醬（有顆粒）…4大匙
酒…2大匙
水…3大匙
砂糖…1大匙

作法

將所有材料混合均勻，可以直接拌燙青菜或加適量的醋當沙拉淋醬，有多種用法。

人氣小吃王

基本的炸雞

材料（雞腿肉3片份）

醃醬
- 薑汁…1大匙
- 醬油…1/2大匙
- 鹽…1/2小匙

麵衣
- 蛋…1個
- 麵粉…4大匙

Memo

充分醃漬入味的炸雞，即使放涼了也很好吃。在醃醬和麵衣上做點變化，可讓口味更豐富。快來挑戰外皮酥脆，肉質鮮嫩多汁的炸雞吧！

基本食譜

材料（4人份）

雞腿肉…3片
上述材料製成的醃醬
麵衣
炸油…適量

作法

1 先將雞肉處理後切成適合食用的大小，浸泡至醃醬中約20分鐘。

2 在容器裡混合麵衣用的材料，倒入步驟1的食材拌勻。

3 加熱炸油到200度，放進步驟2的食材以中大火炸8分鐘後瀝油即可。

用辣味增加變化

辣味炸雞

材料（4人份）

醃醬
- 鹽…1小匙
- 肉豆蔻…1/3小匙
- 多香果（allspice）…1/3小匙
- 辣椒粉…1/3小匙
- 胡椒…少許

麵衣
- 麵粉…4大匙
- 鹽…少許

作法

和基本食譜相同，如步驟1把雞肉放進上述辣味醃醬，沾步驟2的麵衣去炸。

帥氣風格的清爽炸物

龍田炸雞

材料（4人份）

醃醬
- 味醂…1大匙
- 醬油…1大匙
- 鹽、太白粉…各少許

麵衣
- 太白粉…少許

作法

1 將基本食譜的步驟2，替換成下述作法即可。

2 擦掉雞肉上多餘的醃醬，和麵衣用的太白粉一起放入塑膠袋內混合均勻。

蒜味分明的鹹炸雞

鹽味炸雞

材料（4人份）

醃醬1
- 鹽…1小匙
- 辣椒粉…少許
- 黑胡椒…少許
- 麻油…1/2小匙

醃醬2
- 酒…2大匙
- 蒜泥…2小匙
- 薑泥…1/2小匙
- 蘋果泥…2小匙
- 鹽…1/2小匙

麵衣
- 太白粉…適量

作法

雞肉用醃醬1醃漬2小時、醃醬2醃漬約4小時後，再裹上麵衣照基本食譜的步驟3油炸。

名古屋特產的甜辣炸雞

炸雞翅

材料（4人份）

醃醬
- 醬油…3大匙
- 砂糖…1.5大匙
- 醋…1小匙
- 白芝麻…2~3大匙
- 辣油、黑胡椒…各適量

作法

醃醬混合拌勻，將雞翅炸成金黃色後，趁熱放進醃醬中醃5分鐘左右。

炸雞的麵衣

要試試看用雞蛋和麵粉以外的麵衣做炸雞嗎？太白粉做成的麵衣口感酥脆，蓬萊米粉或米粉的麵衣因為不太吸油，可以讓炸雞口感清爽。

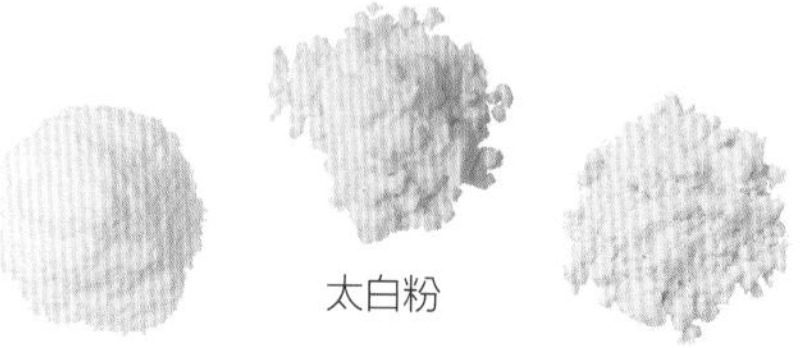

米粉　太白粉　麵粉

鮮美高湯讓味道清淡的豆腐更美味

基本的炸豆腐

材料（豆腐2盒份，1盒約300~400克）

沾醬
- 水…2/3杯
- 酒…2大匙
- 味醂…2大匙
- 醬油…2大匙
- 柴魚片…12克

Memo

炸豆腐是日本料理店和居酒屋的人氣料理之一，在家裡也可以輕鬆簡單的做出這道美味，可試試看各種變化版炸豆腐。

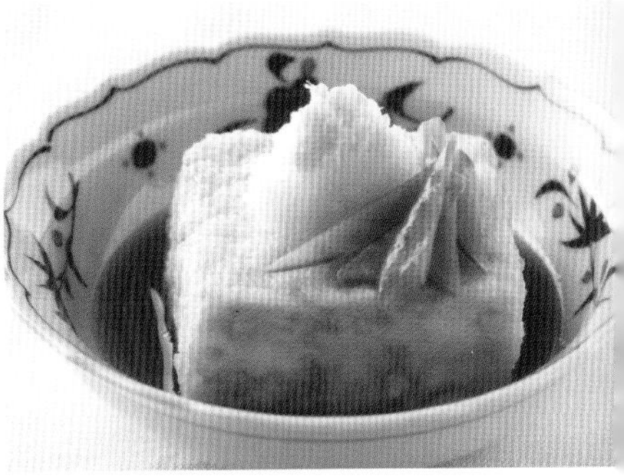

基本食譜

材料（4人份）

木棉豆腐…2盒
上述材料製成的醬汁
麵粉、太白粉…各2大匙
白蘿蔔泥、薑泥…各適量
炸油…適量

作法

1 製作醬汁。除了柴魚片以外，將食材都放進鍋中加熱，煮滾後放入柴魚片稍煮一下立即關火，再濾出湯汁。

2 儘量擦乾豆腐的水分，切成兩半。

3 將麵粉和太白粉混合攪拌均勻，撒在豆腐上，再用170度的油炸至酥脆後撈起瀝乾。

4 將步驟3的成品盛盤，淋上白蘿蔔泥、薑泥和加熱過的醬汁。

加上芝麻粉變換新滋味

芝麻炸豆腐

材料（4人份）

沾醬
- 沾麵醬…1/2杯
- 水…3大匙
- 黑芝麻粉…2大匙

作法

根據基本食譜製作一樣的炸豆腐，將所有材料混合攪拌成沾麵醬後，淋在炸豆腐上。也可淋在蔬菜上，非常好吃。

炸蔬菜漬物

茄子是酥炸後就會增加甜味的蔬菜，在炎熱的夏季享用冰鎮後的炸蔬菜漬物，乃一大美味！濃郁的芝麻香將使人食指大動。

茄子　芝麻

所有天婦羅都能使用

天婦羅沾醬

材料（易做的量）

高湯…1杯
醬油…25毫升
味醂…25毫升

作法

將所有材料混合後加熱煮滾，再追加放入柴魚片也很美味。

稍甜的調味很下飯

天丼沾醬

材料（易做的量）

高湯…1/3杯
醬油…1/3杯
味醂…1/3杯

作法

將所有材料混合後加熱煮滾。

讓青菜不乾澀的經典料理

基本的涼拌菜

材料（4人份）

拌醬

- 高湯…1杯
- 醬油…2大匙

Memo

一年四季盛產的各種蔬菜是保持健康不可缺少的營養來源，做個拌醬便能迅速完成的涼拌菜，隨時可上桌配飯喔！

基本食譜

材料（4人份）

菠菜…1把

上述材料製成的拌醬

作法

1 菠菜汆燙後浸泡冷水中降溫，再將水分擠出。

2 浸在拌醬中約10分鐘。

3 切成容易食用的長度後盛盤。

沒食慾時也能入口

梅子拌菜

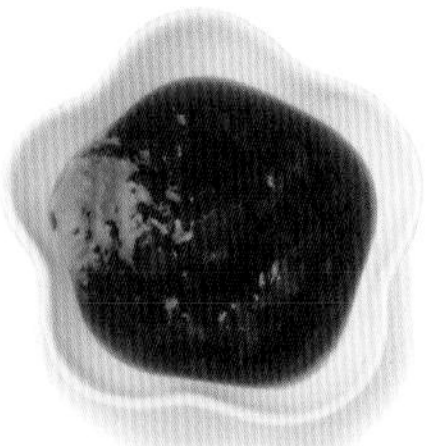

材料（4人份）

拌醬

- 醃梅乾…2~3個
- 醬油…2小匙
- 味醂…1小匙
- 高湯…1大匙

作法

醃梅乾去籽後用篩網壓成泥狀，加入醬油、味醂和高湯後調勻。可搭配貝類或鴨兒芹的涼拌菜。

海苔可吸收水分，適合便當菜

海苔拌菜

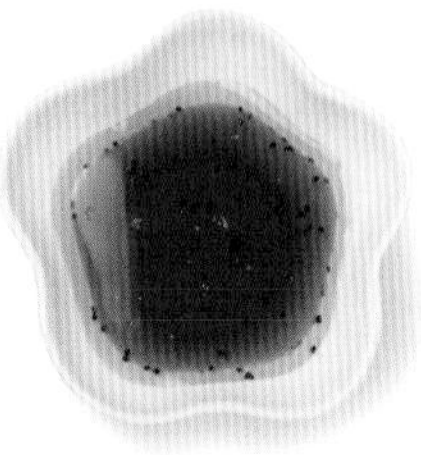

材料

拌醬

- 鰹魚醬油（作法請參考右下）…2大匙
- 醋…1大匙
- 沙拉油…1大匙
- 胡椒…少許
- 海苔…適量

作法

將所有材料混合攪拌均勻，拌入撕碎的海苔。除了拌菜，也可涼拌泡過水的洋蔥絲。

善用香辛料的高雅風味

山葵拌菜

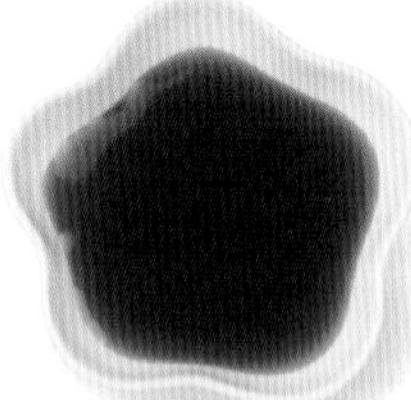

材料（4人份）

拌醬

- 山葵泥…1/4小匙
- 醬油…1大匙
- 高湯…1/4杯
- 味醂…1/2小匙

作法

將山葵泥拌入醬油，再混合高湯、味醂攪拌均勻。

咖哩是美味重點

咖哩拌菜

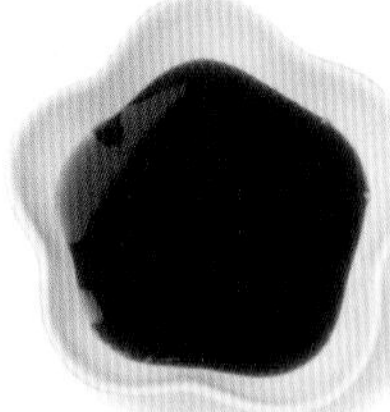

材料（4人份）

拌醬

- 醬油…3大匙
- 砂糖…2大匙
- 咖哩粉…1小匙

作法

將所有材料混合攪拌均勻。像馬鈴薯或南瓜等較難入味的蔬菜，需趁熱拌入醬汁。

鰹魚醬油

材料（易做的量）

薄口醬油…2杯

味醂…1杯

柴魚片…40克

作法

1 在鍋中倒入薄口醬油和味醂加熱，煮滾後放入柴魚片，再次沸騰後關火。

2 待柴魚片沉到鍋底後再過濾，稍微冷卻後再移到保存容器裡。

用涼拌菜增添變化

如果使用搭配食材的調味料或香辛料製作涼拌菜，便非常美味。芹菜或鴨兒芹等香味濃郁的蔬菜適合作山葵醬油涼拌、南瓜或馬鈴薯等帶甜味且有飽足感的蔬菜適合搭配咖哩粉。

基本的雞蛋拌飯

細細品嘗自製醬油沾醬的好滋味

基本食譜

材料

蛋…1個
昆布醬油…適量

作法

1 把蛋打散。
2 將煮好的米飯盛在碗裡，用昆布醬油以畫圈的方式快速淋上，再倒入步驟1的蛋汁攪拌均勻。

柴魚片醬油麻油

用少許麻油提味

材料

蛋…1個
柴魚片…1小包
醬油…適量
蔥末…適量
麻油…少許

作法

參考基本食譜，最後再加柴魚片、蔥末、麻油。

蠔油醬

偶爾來點中式風格也不錯

材料

蛋…1個
蠔油…適量
醬油…適量

作法

參考基本食譜，蠔油與醬油在同一個時間點加入。

砂糖醬油

令人懷念的古早鹹甜滋味

材料

蛋…1個
醬油…適量
砂糖…適量

作法

參考基本食譜，砂糖與醬油在同一個時間點加入。

七味蔥味噌

味噌和蛋的絕妙搭配

材料

蛋…1個
味噌…適量
醬油…適量
七味辣椒粉…適量
蔥末…適量

作法

把蛋和味噌在飯中拌勻食用，吃到一半可加入醬油、七味辣椒粉和蔥末，再淋上熱湯享受多變的口味。

香辛料雞蛋拌飯

各種香辛料的清爽風味

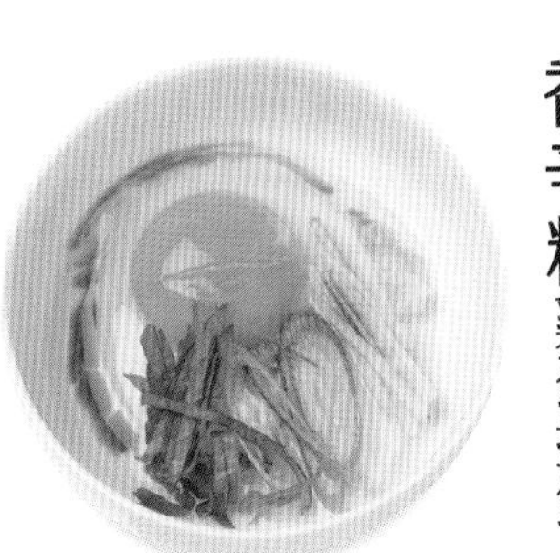

材料

蛋…1個
醬油…適量
薑泥…適量
薑絲…1塊份
蘘荷（茗荷）絲…2個份
紫蘇葉絲…5片份

作法

參考基本食譜，所有的香辛料都最後才加入，加入山葵可讓味道更清爽。

昆布醬油

材料（易做的量）

高湯用的昆布…1片
約10公分
味醂…約3大匙
醬油…1杯

作法

1 把味醂倒入耐熱容器中，不包保鮮膜微波加熱約2分鐘。
2 趁步驟1還熱時加入醬油和昆布靜置2~3小時，再將昆布拿出。

賞心悅目的三色丼飯
基本的肉燥

材料（絞肉300克份）
醬汁
- 醬油…3.5大匙
- 砂糖…2.5大匙
- 酒…2大匙
- 味醂…1大匙
- 薑汁…1塊份

Memo
肉燥可以趁絞肉便宜時多買一些、先做好，方便使用搭配，也可以冷凍保存。這裡的基本肉燥，是適合用雞絞肉的食譜。

基本食譜
材料（4人份）
雞絞肉…300克
上述材料製成的醬汁

作法
將薑汁以外的醬汁材料混合後，放入平底鍋中加熱煮滾，放入雞絞肉翻炒至上色後，加入薑汁炒散成肉燥狀。

中式肉燥
建議用牛肉製作的中式調味

材料
醬汁
- 薑泥…1塊份
- 砂糖、紹興酒…各2大匙
- 醬油…3大匙

沙拉油…適量

作法
以沙拉油翻炒牛絞肉至上色後加入醬汁，炒散成肉燥狀。

咖哩肉燥
適合搭配鮪魚或雞肉等風味清淡的食材

材料
醬汁
- 蒜末…1瓣份
- 咖哩粉…1大匙
- 鹽…1小匙
- 酒…4大匙
- 醬油…2大匙

沙拉油…適量

作法
以沙拉油翻炒鮪魚或絞肉，再加入蒜泥、咖哩粉、鹽的這些醬汁食材炒勻，加酒、醬油炒散成肉燥狀。

東南亞風肉燥
添加來自東南亞的魚貝類風味

材料
醬汁
- 蒜末…2大匙
- 碎蝦米…4大匙
- 蔥末…1根份
- 酒、魚露…各4大匙

麻油…適量

作法
以麻油翻炒絞肉和醬汁材料中的蒜泥，待肉變色後依序加入蝦米、蔥末，再加酒和魚露炒散成肉燥狀。

義式番茄乾肉燥
用義式食材的異國風肉燥

材料
醬汁
- 番茄乾…2個份
- 砂糖、醬油、醋、蠔油…各1大匙

沙拉油…適量

作法
將醬汁中的材料番茄乾切碎，放入調味料中醃漬30分鐘左右。以沙拉油翻炒絞肉，再加入醃漬番茄乾的醬汁炒散成肉燥狀。

多樣化的肉燥
除了用雞絞肉以外，可以嘗試用牛肉、豬肉或鮪魚等來做變化版。肉燥可以包著萵苣食用，或加在炒飯上、蒸蔬菜上都非常美味。

經典中式料理

青椒肉絲
用少許調味料做出爽脆炒菜

材料
醃醬
- 蒜泥…1小匙
- 胡椒…少許
- 醬油…1大匙
- 太白粉…1/2大匙

炒醬
- 酒…1大匙
- 醬油、蠔油…各1/2大匙

青椒肉絲的材料和作法
250克的牛肉切絲，放入醃醬醃漬。5個青椒也切成絲，倒入適量沙拉油到平底鍋內加熱，炒熟牛肉後加入青椒快炒，最後加進炒醬拌炒均勻。

醬燒滑蛋蟹肉羹
醬油味是經典口味

材料
芡汁
- 水…1杯
- 砂糖、醬油…各2小匙
- 醋…1大匙
- 太白粉水（太白粉、水各4小匙）

作法
除了太白粉水以外的芡汁材料，全放入鍋中煮滾，起鍋前倒入太白粉水勾芡。

滑蛋蟹肉的材料和作法
3朵乾香菇泡軟後切薄片、80克的水煮筍子切絲、140克的蟹肉棒撕成細絲。以上材料和1把份的蔥末混合後，用沙拉油拌炒。準備6個雞蛋的蛋液，倒入平底鍋中兩面煎熟後取出盛盤，再淋上上述的芡汁即可。

韭菜炒豬肝
活力滿點的中式料理

材料
醃醬
- 醬油、酒…各2大匙

炒醬
- 蠔油、酒、味噌…各2大匙
- 醬油、砂糖…各2小匙
- 鹽、胡椒…各少許

韭菜炒豬肝的材料和作法
將400克的豬肝清洗後切片，放入醃醬醃漬。韭菜2把清洗乾淨後，切成容易食用的長度。將適量的沙拉油倒入平底鍋中加熱，放入豬肝翻炒後取出，再放入韭菜和1包市售豆芽菜翻炒。將豬肝放回鍋內，加炒醬拌炒均勻，也可依個人喜好加入紅甜椒。

腰果炒雞丁
腰果香氣滿溢

材料
醃醬
- 醬油…1小匙
- 酒、鹽、胡椒…各少許
- 蛋白、太白粉…各2大匙
- 沙拉油…1大匙

炒醬
- 醬油、水…各2大匙
- 醋、酒、砂糖…各1大匙
- 太白粉水（太白粉1小匙、水2小匙）

作法
參考上述的青椒肉絲作法。將牛肉換成雞肉，切絲的青椒替換成蔥段和腰果，再放入左邊的醃醬和炒醬拌炒，均勻即可。

醬油也可當醃醬
醬油中產生香氣的成分能抑制肉類和魚類的腥味，使肉質更軟嫩。加入醬油的醃醬用油拌炒過後，更是香氣四溢。

讓人想再添一碗的古早味 基本的炊飯

材料（米2杯份）
調味料
- 高湯…1杯
- 酒…1.5大匙
- 醬油…1.5小匙
- 鹽…少許

Memo
炊飯可以一次品嘗到米飯和配料，而且可以用電鍋輕鬆完成，感覺開心又方便。記住基本作法後，可自行變換食材嘗試新口味！利用季節限定或當季的新鮮食材作成什錦炊飯，就是一道可以款待客人的宴客料理！

基本食譜

材料（4人份）
米…2杯
水…1杯
上述材料製成的調味料
可加入其他喜愛的食材…
- 雞肉、乾香菇、紅蘿蔔、牛蒡、蓮藕、蒟蒻等各適量

作法
1. 將洗好的米和上述份量的水放入電鍋中。
2. 所有食材都切成容易入口的大小，放入調味料後煮約2~3分鐘。把煮好的食材和高湯分開，取160毫升的高湯。
3. 將步驟2的高湯和食材放到步驟1的電鍋裡，一起炊煮。

吃出清爽鮮甜的竹筍風味 竹筍炊飯

材料
調味料
- 高湯…1/4杯
- 醬油…2大匙
- 砂糖…約2大匙
- 鹽…1/3小匙

材料
米…2杯
水…360毫升
煮過的筍子…200克
上述材料製成的調味料
麻油…1大匙

作法
1. 米洗過瀝乾，把筍子切成0.5公分寬的小丁。
2. 將麻油倒入平底鍋中加熱拌炒竹筍，加入調味料後再繼續拌炒。
3. 在電鍋中放入米和水，將步驟2的食材倒入後炊煮。

美味鯛魚炊飯

材料（鹽烤鯛魚片200克）
調味料
- 高湯…540毫升
- 薄口醬油…1.5大匙
- 鹽…1小匙
- 酒…3大匙
- 奶油…15克

作法
將洗過的3杯米和鯛魚片、調味料全部放入電鍋中炊煮。飯煮好後剔除鯛魚的魚骨和魚皮，刮下魚肉拌入飯中。

充分享受秋刀魚的美味 秋刀魚炊飯

材料（鹽烤秋刀魚2條份）
調味料
- 高湯…540毫升
- 薑絲…40克

作法
將洗過的3杯米混合調味料後放入電鍋中炊煮。飯煮好後，把秋刀魚的魚肉挑出拌入飯裡，最後可再撒上青蔥。

＋

魚肉炊飯

若要用秋刀魚之類的青背魚作炊飯，可以用薑和醬油提味。鯛魚和香菇等味道清淡的食材，加入有點油脂的材料則會更加美味，奶油或油豆皮是提味祕方。

＋

基本的炒飯
醬油的焦香
令人食指大動

材料（米飯4碗份）

調味料
- 醬油…2小匙
- 鹽…適量
- 胡椒…適量

Memo

拌炒的聲音和香味也是炒飯美味的一部分，能運用冰箱內沒吃完的蔬菜，簡單快速的完成，更是炒飯令人喜愛的原因之一，偶爾也可以試試變化版炒飯。

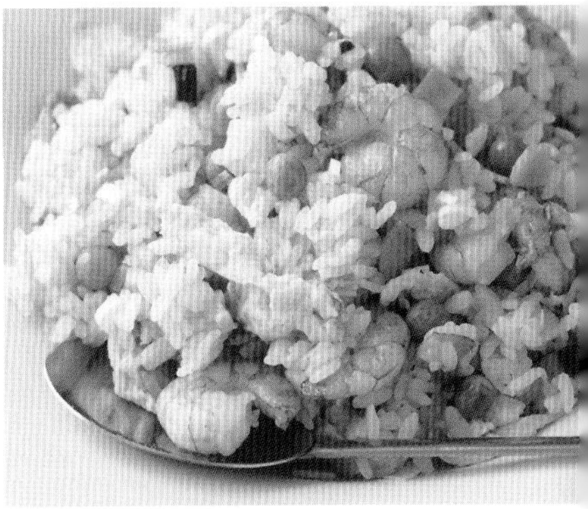

基本食譜

材料（4人份）

米飯…4碗份
上述材料製成的調味料
沙拉油…適量
可加入其他喜愛的食材…
- 蛋、香菇、火腿、蝦仁、蔥末、青豆等各適量

作法

1 除了蛋、蔥、青豆之外的食材都切成適合食用的大小。

2 將適量的沙拉油用平底鍋加熱，打散的蛋液炒到半熟後取出備用。

3 把蔥以外的食材和飯倒入平底鍋中翻炒，加入上述材料製成的調味料拌勻取出備用。

4 在平底鍋中倒入適量沙拉油，把蔥炒出香味。將步驟3和步驟2的備用食材全部放回鍋裡翻炒均勻即可。

牛肉萵苣炒飯
蠔油中華風

材料

醃醬
- 鹽…1/3小匙
- 黑胡椒…適量
- 紹興酒…適量

炒醬
- 濃口醬油…1又1/3大匙
- 蠔油…1大匙

作法

先將240克的牛肉放入醃醬中醃漬，以適量的沙拉油拌炒。將油倒入中式炒鍋裡，放入4顆蛋和4碗飯炒勻，加入炒醬和牛肉後再翻炒，最後加入1/6顆的萵苣絲快速拌炒均勻即可。

納豆炒飯
用酒增加鮮甜風味

材料

調味料
- 酒…2大匙
- 醬油…2大匙
- 鹽…少許

作法

參考基本食譜作法的步驟1、3、4。食材換成豬絞肉和納豆，再以調味料調味。

配合食材調味

用醬油就可以幫什錦炒飯調味，如果食材種類較少的話就要增加調味料。蠔油醬可以搭配牛肉炒飯，納豆炒飯則適合加酒。

帕馬森起司拌飯
融合日式和西洋風的美味拌飯

材料

帕馬森起司…3大匙
生山葵…1大匙
醬油…適量

作法

將所有材料和兩碗份的米飯混合拌勻。

醬油焦香拌飯
焦香的醬油為促進食慾

材料

沙拉油…2小匙
小魚乾…25克
醬油…2大匙

作法

倒沙拉油到平底鍋中加熱，放入小魚乾拌炒後加入醬油，煮到醬汁收乾。再將醬汁拌入兩碗份的米飯中。

湯頭較濃的關東風味

關東烏龍麵湯底

材料（4人份）
高湯…6杯
醬油…1/4杯
味醂…1/2杯
鹽…少許

作法
將味醂煮滾，加入高湯和醬油後再煮滾，30秒內關火，最後加入鹽巴調味。

乾香菇風味是熟悉的味道

麵線沾醬

材料（易做的量）
乾香菇…6朵
小魚乾…12隻
高湯…4.5杯
醬油、味醂…各1杯
柴魚片…8克

作法
把乾香菇和去頭的小魚乾浸泡在高湯中3小時後，倒入鍋中一直煮到4杯的份量。再放入剩下的調味料與柴魚片煮滾後30秒內關火，過濾冷卻。

關於醬油和高湯

醬油中胺基酸的甘甜和鹹味，加上柴魚片內的肌苷酸，可以讓美味倍增。關西烏龍麵的湯底，是用鯖魚和圓花鰹魚做成的宗田柴魚塊等食材混合熬製成高湯，再加薄口醬油調味。關東的蕎麥麵湯底，則是用柴魚片或乾鯖魚塊等混合製成味道濃郁的湯頭，以濃口醬油調味而成。

品嘗關西風的清澈湯底

關西烏龍麵湯底

材料（4人份）
高湯…6杯
薄口醬油…3大匙
味醂…3大匙
鹽…少許

作法
將所有材料攪拌混合均勻煮滾，30秒內關火。

鮮美高湯

蕎麥麵湯底

材料（4人份）
高湯…3杯
薄口醬油…1/4杯
味醂…1又1/3大匙
小魚乾…15克
鹽…少許

作法
將去除魚頭和內臟的小魚乾放入高湯中浸漬約30分鐘左右，再放入鍋中加熱煮滾。把其餘的調味料也一起放入再次煮滾後30秒內關火，過濾即可。

使用特調醬汁的正統派

蕎麥麵沾醬

材料（4人份）
高湯…1.5杯
小魚乾…8克
特調醬汁（參考下方作法）…1/2杯
鹽…少許

作法
將去除魚頭和內臟的小魚乾放入高湯中浸漬約30分鐘左右，再放入鍋中加熱煮滾。把特調醬汁和鹽一起放入再次煮滾後30秒內關火，過濾即可。

什麼是特調醬汁？

將味醂、砂糖和醬油混合煮滾，讓酒精成分揮發的特調醬汁，日文稱為かえし(Kaeshi)。將它靜置一段時間後，調味料中原本的刺激味道會消失，轉而變成溫和醇厚的風味。可以加入高湯稀釋，當成蕎麥麵沾醬，或是直接當成照燒醬、厚煎蛋捲的調味料使用。

清爽的夏季美食
基本的中華涼麵

材料（4人份）
雞骨高湯…4大匙
醋…4大匙
醬油…4大匙
砂糖…2大匙
麻油…2大匙

Memo
把所有材料攪拌混合均勻。

濃醇且香氣豐富的芝麻醬
芝麻醬中華涼麵

材料（4人份）
白芝麻粉…4~5大匙
醬油…2大匙
鹽…1/2小匙
醋…2大匙
水…2大匙
花椒粉…2小匙（將花椒粒磨碎也可）

作法
把所有材料攪拌混合均勻。

味道溫和的湯頭
雞湯麵湯底

材料（4人份）
雞骨高湯…8杯
醬油…2小匙
鹽…約2小匙多
胡椒…少許

親手製作特別美味
醬油拉麵湯底

材料（4人份）
雞骨高湯…5杯
醬油…3大匙
蠔油…1小匙
胡椒…適量
麻油…1小匙
蔥末…1根份

作法
將雞骨高湯倒入鍋中煮沸，以醬油調味後加入其餘材料。

雞湯麵

材料（4人份）
中式麵條…4球
雞胸肉…2片
青江菜…2株
蔥…20公分長
A 酒、太白粉…各1大匙
A 鹽、胡椒…各少許
雞湯麵的湯底（參考上述材料）
沙拉油…2大匙

作法
1 將雞肉切絲後灑上A調味，青江菜和蔥也切細。
2 沙拉油倒入鍋中加熱，依序放入雞肉、青江菜翻炒後加入湯底。
3 等湯煮滾後，撈除浮沫並加入蔥。
4 將中式麵條煮熟後瀝乾，放入步驟3的湯底中即可享用。

用雞翅輕鬆作雞湯

想不想試試用容易取得的雞翅來做雞湯呢？先在雞翅上抹鹽醃10分鐘，放入鍋中煮滾後，再加蔥或薑等香辛料後以小火燉約5分鐘後關火，再靜置約30分鐘以上即可完成。水和雞翅的比例大約是3支雞翅加一杯水。

基本火鍋

在家自製經典宴客火鍋

基本的壽喜燒

材料（4人份）
用左邊的經典壽喜燒風味材料

Memo
壽喜燒是一道充滿宴客風的菜色，每個地方都有不同的料理方式，能找出屬於自家獨特味道的壽喜燒食譜會很令人開心！

基本食譜

材料（4人份）
牛肉片（壽喜燒用）…600克
蒟蒻絲…2包
烤豆腐…2盒
蔥…4根
山茼蒿（春菊）…2把
蛋…適量
牛脂…適量
上述材料製成的湯底

作法

1 將蒟蒻絲切成容易食用的長度並先煮過；烤豆腐切成適合一口食用的大小，蔥斜切成蔥段，山茼蒿先摘下菜葉備用。

2 加熱壽喜燒鍋，先用牛脂在鍋底塗上油脂。放進牛肉，兩面快速煎烤上色。

3 加蔥後再倒入湯底。放入蒟蒻絲、烤豆腐和山茼蒿，待食材煮熟後可沾蛋液食用。

關東版壽喜燒湯底

經典壽喜燒風味

材料
醬油、水…各1.5杯
砂糖…3大匙
味醂…3/4杯

作法
把所有材料攪拌混合均勻並煮滾，再與基本食譜一樣當成壽喜燒的鍋底使用。

雞肉清爽壽喜燒

雞肉壽喜燒

材料
味醂…2大匙
砂糖…1大匙
醬油…2.5大匙
水…1/2杯

作法
把所有材料攪拌混合均勻並煮滾，再把基本食譜中的肉類換成雞肉，蔬菜以牛蒡、洋蔥、珠蔥代替做成雞肉壽喜燒。

用較少醬汁的煎煮版

濃稠版壽喜燒

材料
酒…2大匙
味醂…2大匙
醬油…2大匙
砂糖…2大匙

作法
用份量較少的濃稠湯底和蔬菜的水分燉煮而成的壽喜燒，煮到感覺快燒焦時，再加水稀釋使用。

加入豐富食材變身豪華火鍋

寄世鍋

材料
高湯…10杯
薄口醬油…3大匙
酒…3大匙
鹽…約3大匙多

作法
在鍋中放入高湯後以小火加熱，再加醬油、酒和鹽調味。

關西燒烤、關東燉煮

關東地區烹煮壽喜燒時，會先將醬油、砂糖等調味料放入醬油中攪拌混合均勻，調製成湯底來燉煮食材。關西地區則是會先用牛脂在鐵鍋上燒烤、逼出油脂後才加砂糖、醬油直接調味，是道燒烤牛肉料理。

加白蘿蔔泥

在寄世鍋中加入大量白蘿蔔泥的火鍋，稱為「雪見鍋」，清爽的味道和白蘿蔔泥滑順的口感，總是讓人食慾全開。

基本的豆漿火鍋

營養滿分、溫和順口的人氣火鍋

材料（4人份）

鍋底A
- 昆布高湯…4杯
- 白味噌…4大匙
- 鹽…3/4小匙
- 味醂…1大匙

鍋底B
- 豆漿（無成分調整）…2杯

Memo

這是在豆漿普及之後發展出來的料理，不刺激腸胃且濃縮了多種營養在火鍋內，吃完後也令人神清氣爽。

基本食譜

材料（4人份）

可加入其他喜愛的食材…
- 鮭魚、白菜、山茼蒿、豆芽菜、豆腐、蒟蒻絲等各適量

上述材料製成的鍋底A 、鍋底B

作法

1. 將喜愛的食材切成容易食用的大小，將鍋底A倒入鍋中加熱，把較難煮熟的食材先放入鍋中煮。
2. 待鍋裡的食材煮熟後加入鍋底B，等整鍋都加熱完成即可享用。

變化版火鍋

亞洲風內臟鍋

用魚露調製出亞洲風

材料

雞骨高湯…8杯
酒…1杯
魚露…8大匙
蠔油…4大匙
砂糖…4大匙
麻油…4小匙

作法

在鍋中加入雞骨高湯和酒加熱，再放入其他調味料調味。內臟類食材要先汆燙處理去除腥味後，再放入鍋內。

中式火鍋

用青江菜等中式青菜當食材

材料

雞骨高湯…6~7杯
酒…1/3杯
砂糖…1/2大匙
醬油…3~4大匙

作法

混合所有材料燉煮約3分鐘。

泡菜鍋

令人上癮的韓風辣味泡菜

材料

泡菜…250克
韓式辣醬…2大匙
酒…2大匙
醬油…2大匙
麻油…2大匙
味醂…1大匙
蒜泥…1大匙
雞骨高湯…2杯

作法

將雞骨高湯和較難煮熟的食材放入鍋中加熱，再放入其他調味料。

韓式豆腐鍋

讓身體暖和的薑和大蒜

材料

酒…4大匙
薑泥、蒜泥…各3大匙
柚子皮…少許
鹽…2小匙
雞骨高湯…2杯

作法

將雞骨高湯、酒和較難煮熟的食材放入鍋中加熱，再放入其餘調味料。

豆漿火鍋的美味靈感

只加豆漿和高湯做湯底的豆漿火鍋就十分美味！豆漿和高湯的比例為3：2，加熱後可以先享用凝結在火鍋表面的豆皮，之後放入食材煮熟，再沾柑橘醋食用。搭配的食材建議使用較無腥味的豬肉、白蘿蔔、紅蘿蔔等。白蘿蔔和紅蘿蔔可以順著纖維切成薄片，較不易煮碎，口感也較好。

火鍋沾醬

味道清淡的火鍋湯底，只要在沾醬的變化上下點功夫，就可以有不同的風味。可以試著組合調配醬油、醋、各種調味油和香辛料，找出自己喜愛的味道。

涮涮鍋首選搭配

基本的醬油沾醬

材料（4人份）
醬油…1杯
酒…1/2杯
蘋果泥…1顆份
薑泥…2瓣份
蒜泥…4小匙
蔥末…1根份

作法
把所有材料攪拌混合均勻。

最適合少數民族的風味鍋

辣味沾醬

材料（易做的量）
孜然（原粒）…1大匙
花椒…1大匙
麻油…約3大匙
醬油…1/2杯
醋…1/4杯

作法
在平底鍋中倒入麻油和孜然、花椒以小火加熱，待冒出小泡泡後關火，再加入醬油和醋拌勻。

清爽餘韻讓人回味再三

檸檬胡椒沾醬

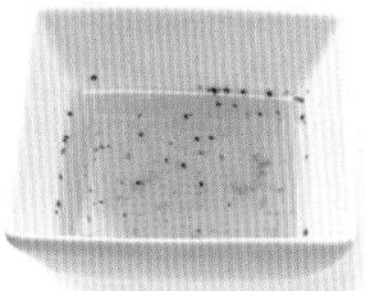

材料（易做的量）
檸檬…2個
粗粒黑胡椒…1小匙
鹽…1/2小匙

作法
在容器中放入鹽和胡椒，再擠出檸檬汁拌勻。

讓油脂多的食材清爽不膩口

番茄醋沾醬

材料（易做的量）
洋蔥末…1/2大匙
醋…4大匙
番茄…2大顆
鹽…適量
柚子胡椒…適量

作法
在容器中放入洋蔥末，淋上醋。加進用熱水汆燙去皮並切碎的番茄，再與鹽、柚子胡椒攪拌均勻。

充滿和風高湯的鮮美滋味

大蒜醬油沾醬

材料（易做的量）
土佐醬油
（作法請參考P.35）…1/4杯
蒜泥…1瓣份

作法
把所有材料攪拌混合均勻。

香醇濃郁 適合搭配各式火鍋

芝麻沾醬

材料（4人份）
白芝麻粉…1/3杯
薄口醬油…2.5大匙
味醂…2大匙
醋…1/4杯
一番高湯…1/4杯（詳細作法請參考P.164）

作法
將其他材料慢慢加入煮滾的高湯，並攪拌混合均勻。

讓清爽的蔬菜更美味

中式沾醬

材料（4人份）
醬油…5大匙
蠔油…5大匙
雞湯粉…1大匙
醋…1大匙
麻油…1大匙
白芝麻粉…2大匙
豆瓣醬…1小匙
薑泥…1瓣份
蒜泥…1瓣份

作法
把所有材料攪拌混合均勻。

用市售醬料做變化

辣椒醬

材料（4人份）
甜辣醬…3大匙
魚露…1.5大匙
檸檬汁…1.5大匙

作法
把所有材料攪拌混合均勻。

土佐醬油

適合當海鮮類的沾醬

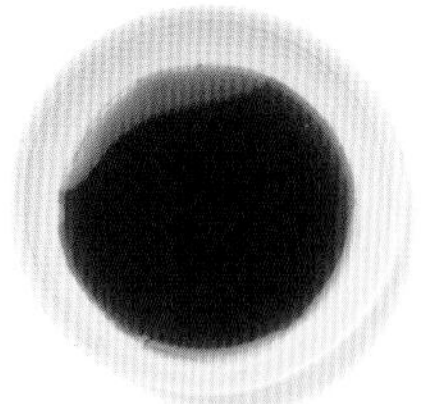

材料
醬油…1杯
高湯…1/2杯
酒…約1大匙多
昆布…少許
柴魚片…少許

作法
把所有材料混合均勻並煮滾，過濾後放涼。

梅子醬油

是青背魚的好搭檔

材料
醃梅乾果肉…2大匙
溜醬油…1又2/3大匙
醬油…1大匙
味醂…1大匙
高湯…1大匙

作法
把醬油、味醂、高湯倒入鍋內加熱煮沸後放涼，混合醃梅乾果肉和溜醬油。

貝類梅子醬油

材料
醃梅乾果肉…2大匙
蘋果泥…約1大匙多
醬油…2又2/3大匙
味醂…2大匙

作法
把醃梅乾果肉和蘋果泥放入研磨缽中磨碎混合，再加入調味料。

白肉魚生魚片醬油

風味清爽

材料
醋橘汁（Sudachi）…3 大匙
醬油…3大匙

作法
把所有材料攪拌混合均勻。

和風芥末醬油

減少魚腥味的好幫手

材料
醬油…4大匙
高湯…2大匙
和風芥末…2小匙

作法
把所有材料攪拌混合均勻。

醃漬醬油

醃漬紅肉鮪魚

材料
醬油…4大匙
煮過的味醂…4大匙

作法
把所有材料攪拌混合均勻。

生魚片醬油

市售的生魚片醬油，一般是混合濃口醬油、風味濃郁的溜醬油和熟成時間更長的濃厚風味醬油三者調配而成。如果要在家中自製醬油沾醬，可以先試做土佐醬油。鮮美濃郁的高湯風味跟所有海鮮類料理都非常搭配。

土佐醬油
適合所有海鮮。

醋橘醬油
適合風味清淡的白肉魚，能襯托出白肉魚的鮮美。

梅子醬油
適合搭配風味較濃的青背魚。

貝類梅子醬油
豐富的果香適合搭配章魚或貝殼類，口感溫和、方便使用。

柑橘醋

關於柑橘

混合酸橙或醋橘等多種柑橘類果汁，即可做出美味的柑橘醋。把調味料加入其中調勻，並放置熟成一段時間，風味會更加溫和醇厚。

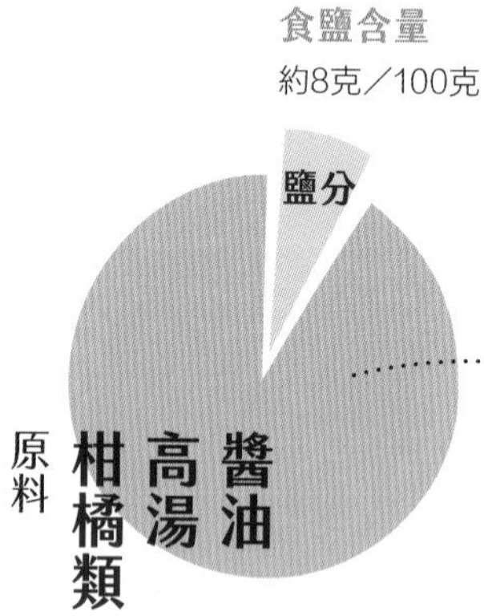

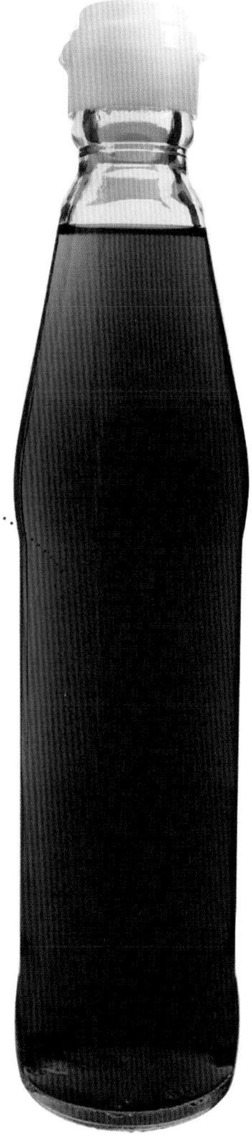

混合多種柑橘類

酸橙　醋橘

醃漬燒烤

混合等量的柑橘醋和柑橘果醬，醃漬雞肉後用烤箱烤熟，就是一道時尚的燒烤料理。

炒飯

柑橘醋也能成為炒飯的調味料！只要將最後加入的醬油替換成柑橘醋，就能變身為清爽的炒飯。

柑橘醋不只是沾醬

柑橘醋是一種以柑橘類果汁混合高湯醬油的調味料，日文稱為ポン酢（ponzu），意外的是，這個字竟源自荷蘭語，意指用柑橘類果汁製成的飲料pons。現在，柑橘醋已成為深受日本大眾喜愛的調味料，除了以醬油為基底的傳統版之外，市面上也能看到「鹽味柑橘醋」、「番茄柑橘醋」等產品。雖然市售產品也很美味，但自己製作的卻是獨一無二。要不要試試在品嘗清爽風味的火鍋時，搭配使用自製的柑橘醋呢？

柑橘醋除了可以當火鍋沾醬之外，也可用在燒烤或炒飯等料理上。混合相同比例的番茄醬，再以砂糖增加甜味，就可變身成糖醋風味的炒醬。另外，加進通心麵沙拉或拌有美乃滋的配菜等料理，也有讓口感清爽不膩的效果。

自己做最美味
基本的柑橘醋

材料（易做的量）
果汁…約1/2小杯
米醋…1/4小杯
醬油…1杯
味醂…2大匙
酒…2大匙
昆布（5公分正方）…2片
柴魚片…6克

基本食譜

作法

1 把味醂和酒煮沸，使酒精成分揮發。
2 將果汁、米醋、醬油和步驟1的成品倒在能密封的容器內混合均勻，再加入昆布、柴魚片後密封。
3 放入冰箱約2天後將昆布取出，過濾掉柴魚片後移至玻璃瓶內保存，大約過1~2週後再使用。

用辣椒粉增添辣度
韓式柑橘醋

材料（4人份）
醬油…4大匙
醋…2大匙
柚子汁…1個份
味醂…1/2小匙
白芝麻粉…2小匙
辣椒粉…2小匙

作法
把所有材料攪拌混合均勻。

好吃到令人尖叫的柑橘汁！
美味柑橘醋

材料（易做的量）
醬油…90毫升
醋…60毫升
柑橘果汁（橘子汁也可）…2大匙
麻油…1大匙

作法
把所有材料攪拌混合均勻。

明顯的柑橘香氣
鹽味柑橘醋

材料（易做的量）
柑橘類果汁…80毫升
米醋…50毫升
鹽…2小匙
味醂…1大匙
酒…2大匙
蜂蜜…1/2大匙
高湯…1杯

作法

1 把味醂和酒煮沸，使酒精成分揮發，和高湯混合後加熱。放入鹽、蜂蜜攪拌均勻至完全溶解後關火。
2 再加進柑橘類果汁、米醋攪拌，待冷卻後移到玻璃瓶中保存並冷藏，放置約一天後再使用。

變化版柑橘醋

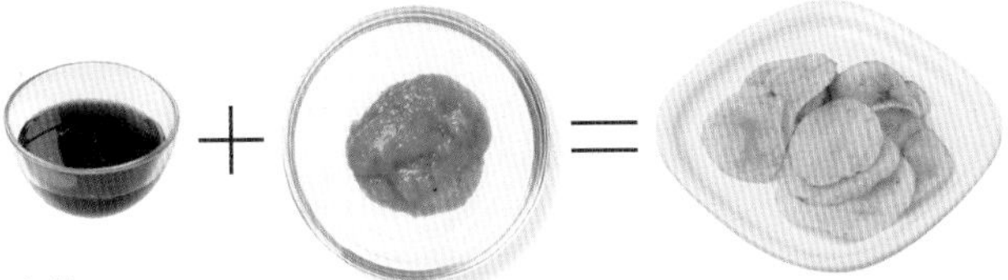

山葵
吃洋芋片時，試試看山葵柑橘醋沾醬吧！

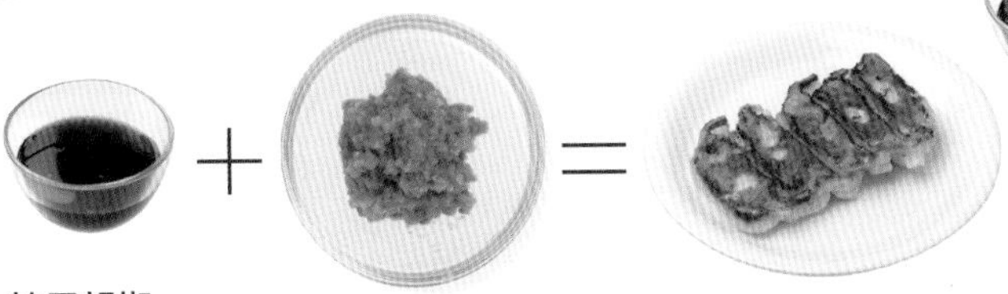

柚子胡椒
建議搭配鍋貼食用。

七味辣椒粉
在經典火鍋沾醬中不可缺少的柑橘醋裡加上七味辣椒粉，讓美味不斷升級。

鹽

關於原料和製作方式

雖然鹽的原料是海水，但大致來說可分為海水、海鹽、岩鹽和湖鹽4種。以製法區分的話有煮鹽、日曬製鹽、岩鹽3種。

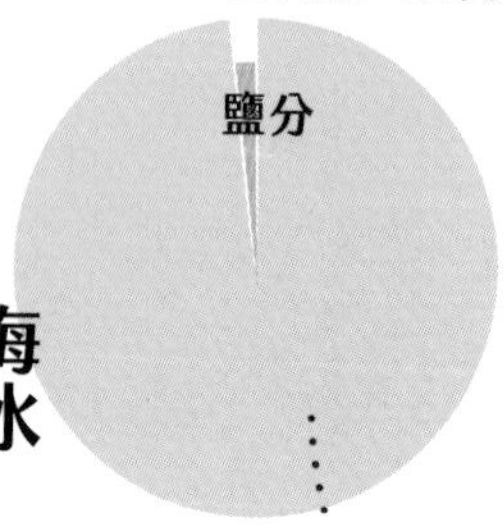

海的鹽分濃度大約是3%。相當於1小匙鹽溶解在1杯水中的鹹度。

關於健康

雖然依個人體質不同而會略有差異，但目前研究已知鹽分和高血壓有密切的關係。男性的食鹽攝取量標準值為一天9克以下，女性為一天7.5克以下。

無可替代的調味料

人類體內原本就含有鹽分，這也是為什麼汗水和淚水會有點鹹味的緣故。鹽分在人體內占有重要的角色，它能幫助體內食物消化，維持細胞健康且保持水份含量在一定的數值內。要說鹽分是人體內最不可缺少的調味料，可是一點也不過份。

食鹽雖然只是單純的調味料，但經過仔細品嘗即可了解各種食鹽的風味都有些許微妙不同，是門深奧的學問。讓我們每天從美味的餐點中聰明攝取鹽分吧！

大受歡迎的古早製鹽法

日本傳統製鹽法是蒸煮海水，提煉食鹽。雖然進入昭和時代後，發展出不受地點或氣候左右的大量製鹽法，但此種製法生產的食鹽即是單純的氯化鈉，只有單純的死鹹。

傳統製鹽法提煉出的食鹽帶有溫和的甘甜和濕潤的觸感，現代有許多消費者喜愛古老製鹽法做出的食鹽，市面上販售的食鹽種類也越來越多。像是由海水浸漬海藻再蒸煮萃取出的藻鹽，或是煮沸海水、日光曝曬收取結晶之後再度曝曬取得的天日鹽。

順帶一提的是世界上有三分之二生產的鹽來自岩鹽，與日本的鹽相比帶有明顯的鹹味和辣味，硬度高且較難溶解是其特徵。

食鹽

幾乎是單一的氯化鈉味道，一般家庭中普遍使用這一種。

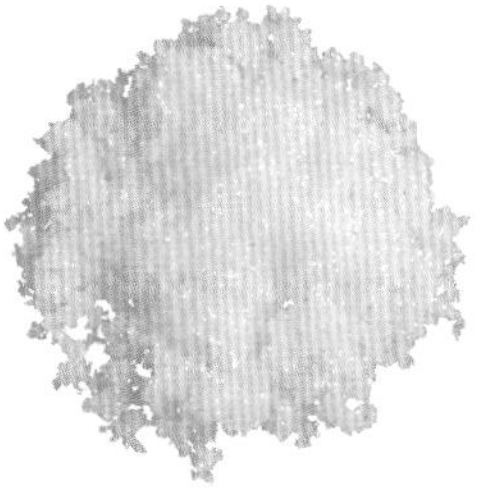

建議搭配料理
皆可

天日鹽

未經加熱，以陽光曝曬取得結晶的自然製法做成的鹽，是美食家愛用的鹽，幾乎全是國外的產品。

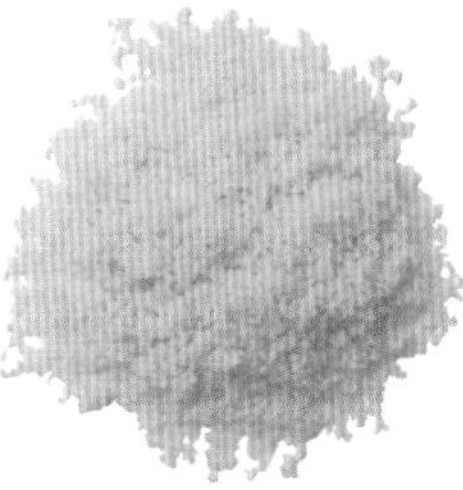

建議搭配料理
蔬菜或魚類料理

精鹽

比食鹽乾燥，因為容易溶於水中且使用方便，適合使用在所有料理上。

建議搭配料理
皆可

選擇方式、種類

鹽的外觀多樣，有含水量少且乾燥的鹽，也有含水量多較濕潤的鹽，亦有粉末狀、顆粒狀等。務必記得不能過量，要注意調整鹹度。

岩鹽

在地底下的食鹽結晶，產地通常在歐洲。

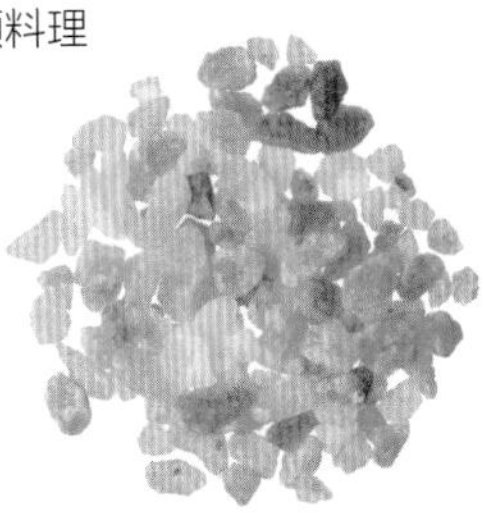

建議搭配料理
肉類料理

粗鹽

富含礦物質、顆粒粗且未精製的鹽，能讓醃漬食品帶有溫和的口感。

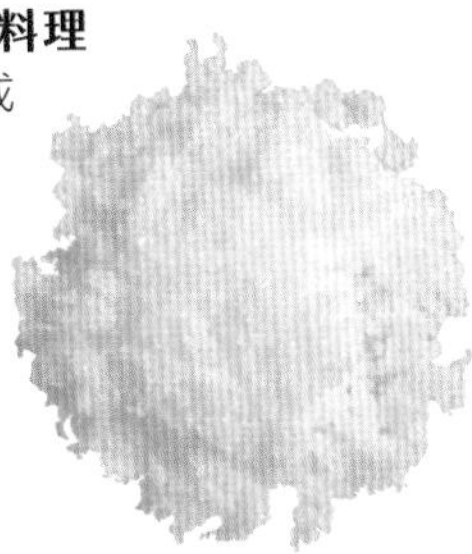

建議搭配料理
醃漬食品或
製作麵包

淨化除穢的力量

傳說人類在進入農耕時代時，便開始用鹽。原因可能是從前人類主要從肉食性動物身上攝取鹽分，進入農耕時代後主食變成稻米或稗子等植物，容易導致體內鹽分不足。

日本開始用鹽的時代，據推測可能在約三千年前的繩文時代末期。其用途不僅在食用調味上，鹽也被視為能淨化環境、去除穢氣的神聖物品而備受重視。像參加葬禮後會將鹽灑在身上、相撲比賽開始前會在土俵上撒鹽或供奉在神桌上等習俗，仍流傳至今。

另外一些有關食物的英文詞語也是來自鹽Salt這個字根。例如沙拉Salad、醬料Sauce、香腸Sausage等。

使用方式

鹽常使用在事先醃漬食材上，若想讓食材有鹹味、當作調味料使用時，可以依照基本的調味料使用順序「砂糖、鹽、醋、醬油、味噌」，在第2順位時加入食鹽並依次少量添加。

料理效果

- 可防止食物腐壞，像醃漬食品即為代表。

- 有脫水的作用，可用在事先處理魚類和肉類時。
- 可穩定葉綠素。像燙青菜時可以加點鹽。
- 能帶出甘甜滋味，例如日式點心會添加少量的鹽在紅豆餡中。
- 能增加麩質的黏性，像是做麵包或是烏龍麵時會加少許的鹽。

保存方法

鹽在吸收濕氣後容易結塊，所以要與乾燥劑一起保存在密閉容器裡。一旦結成塊，可用小火乾炒或製作成烘炒過的粗鹽（焼き塩／yakishio）。

調味鹽

只要把鹽和身邊容易取得的香草植物或香辛料與食材混合，就能輕鬆製作調味鹽。可以用在燒烤或清蒸的蔬菜或魚類上，或拿來沾肉食用，也能在常用的果汁杯杯緣上輕輕抹上一層鹽。讓我們來試試鹽的各種用法吧！

肉桂胡椒鹽

搭配豬肉燒烤或清蒸蔬菜

材料

肉桂粉…1小匙
胡椒…1/4小匙
鹽…3大匙

作法

混合所有材料攪拌均勻。

百里香芝麻鹽

搭配燉煮蔬菜或烤魚

材料

白芝麻…1小匙
百里香（乾燥或新鮮的皆可）…2小匙
鹽…3大匙

作法

把白芝麻和百里香放在研磨缽中，大致磨碎，加鹽混合攪拌均勻。

香菜鹽

搭配咖哩或冷豆腐

材料

香菜（葉片的部分）…6片
鹽…3大匙

作法

將撕成1公分左右的香菜葉放入研磨缽中，大致磨碎，加鹽混合攪拌均勻。

薑鹽

搭配白蘿蔔泥或天婦羅

材料

鹽…適量
薑粉…適量

作法

用平底鍋炒鹽，再把薑粉放入另一個平底鍋裡輕炒。將兩者放入研磨缽裡混合，再用研磨棒磨碎拌勻。

孜然檸檬鹽

搭配薯條或吐司

材料

孜然籽…1小匙
磨碎的檸檬皮…1小匙
鹽…3大匙

作法

把孜然籽放入研磨缽裡磨碎，再加入磨碎的檸檬皮和鹽攪拌混合磨勻。

薑黃蒜泥鹽

搭配香料飯或優格沙拉

材料

蒜泥…1大匙
薑黃粉…2小匙
鹽…3大匙

作法

混合所有材料磨勻。

辣椒香蒜鹽

搭配義大利麵或蔬菜燒烤

材料

紅辣椒…1/4小匙
蒜泥…1大匙
鹽…3大匙

作法

把紅辣椒和蒜泥放入缽裡磨碎，加入鹽並混合所有材料磨勻。

薄荷鹽

適合河粉等東南亞料理

材料

薄荷…1/2杯
鹽…3大匙

作法

把薄荷放入缽裡，大致磨碎，加入鹽混合磨勻。

乾燥柚子粉的作法

作法

1 把柚子（2個）切成兩半挖出中間的果肉，果皮分成4等分再切成細絲。

2 將切好的柚子皮細絲，均勻鋪在篩子上曬乾。

3 曬到完全乾燥為止。

4 用食物調理器打成粉狀，再和乾燥劑一起放入密封容器內存放。

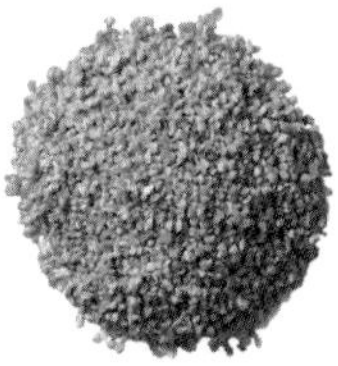

柚子鹽

適合搭配炸雞

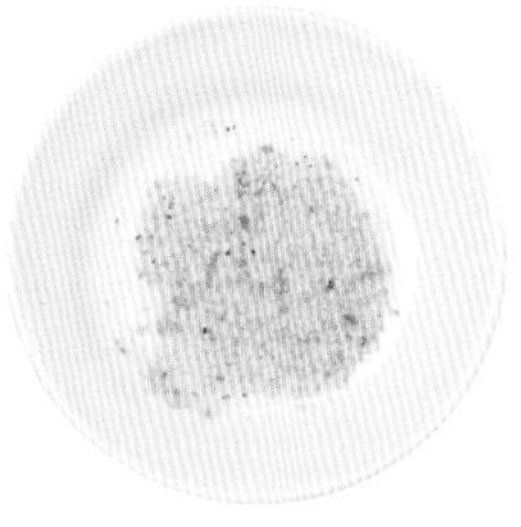

材料

鹽…3大匙

柚子（粉）…1/2小匙

一味辣椒粉…1/2小匙

作法

把鹽磨成粉末，與柚子、一味辣椒粉混合磨勻。

抹茶鹽

適合白肉魚天婦羅

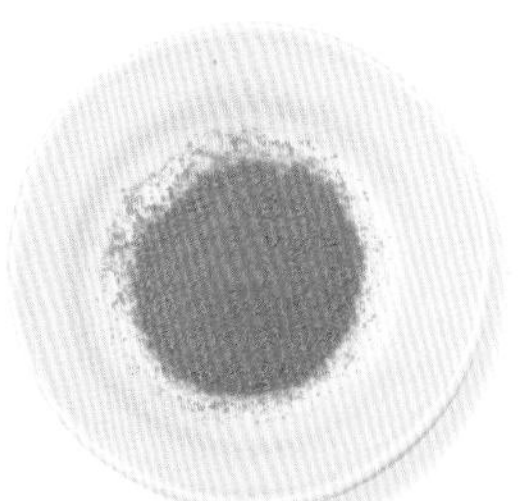

材料

鹽…3大匙

抹茶…1大匙

作法

把鹽磨成粉末，與抹茶混合磨勻。

山椒鹽

搭配河魚燒烤或炸物

材料

鹽…3大匙

山椒粉…1大匙

作法

把鹽磨成粉狀，與山椒粉混合磨勻。鹽和山椒粉也可用相同的比例。

芝麻鹽

最基本的組合

材料

鹽…3大匙

黑芝麻…1大匙

作法

把鹽磨成粉末狀，與黑芝麻混合磨勻。

紅茶鹽

搭配香草冰淇淋或蒸雞肉

材料

天然鹽…3大匙

紅茶葉…1大匙

作法

用平底鍋炒，再用另一個平底鍋輕炒紅茶葉，將兩者放入缽中混合磨勻。

七味鹽

適合油脂多的生魚片或炸物

材料

鹽…3大匙

七味辣椒粉…1/2小匙

作法

把鹽磨成粉狀，與七味粉混合磨勻。

青紫蘇鹽

讓飯糰充滿紫蘇香氣

材料

自然鹽…3大匙

乾燥紫蘇…1大匙

作法

把青紫蘇乾燥到脆硬，用平底鍋炒鹽。將兩者放入缽中混合，一邊用研磨棒磨碎，一邊磨勻。

鹽漬食物

就像汗水和淚水有點鹹味一樣，人類體內原本就含有鹽分。鹽分在人體內占有重要的角色，它能幫助體內食物消化，維持細胞健康且保持水份含量在一定的數值內。如果說鹽分是人體內最不可缺少的調味料，可是一點也不過份。

鹽漬鰤魚

在鰤魚片上抹鹽時，魚皮的部分也要確實抹上。鹽漬可以減少鰤魚特有的腥味且更能釋出鮮甜，可隔天食用且能在冰箱內保存三～四天。淋上一點酒再進行燒烤，鰤魚的鮮甜美味更能濃縮其中，或者用來燉魚、煮火鍋也很美味。

鹽漬香菇

把香菇撕成大片汆燙後用鹽醃漬，可在冰箱中保存約一星期。香菇的鮮甜滋味濃縮其中且口感會更有彈性，也可用來當義大利麵的配料，醃漬後的高湯也可以拿來做湯品。

運用鹽來保存食物的原因

因為鹽有抑制細菌繁殖的效果，所以自古以來人們都用鹽醃漬食物，以延長保存期限。在醃漬食物時，重點在於，務必要把鹽均勻的抹在食材的各個角落。在醃漬用鹽的選擇上，要挑選容易附著在食材上，顆粒細緻的鹽，若用較乾燥粉狀的食鹽，可以先稍微弄濕再進行塗抹。

鹽漬豬肉

豬肉在買回當天就要進行醃漬，肉裡的鮮甜會每日漸增，可在冰箱裡保存五天左右。在鹽漬的第二天左右，肉質本身沒有太大的改變，可拿來乾煎。到第三天之後風味會變得濃郁，適合拿來當作義大利麵的配料或炒菜。第四天之後建議可以水煮。熟成的肉可以使湯汁更加美味，請務必善加運用在料理中。

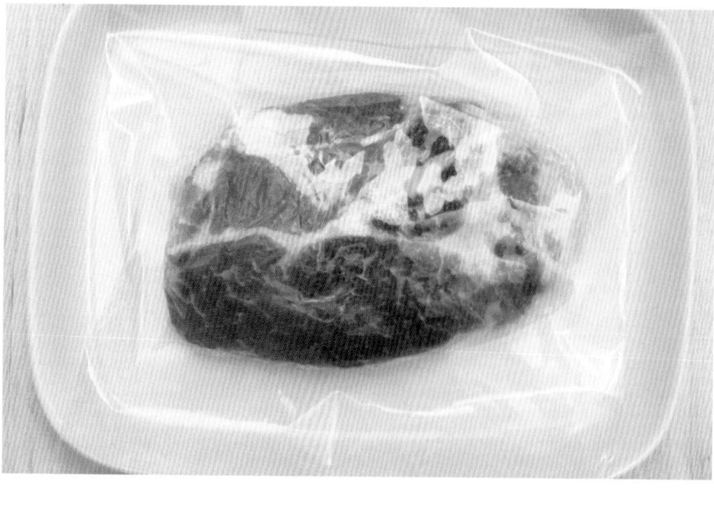

醋

Vinegar

醋

食鹽含量

0克／100克

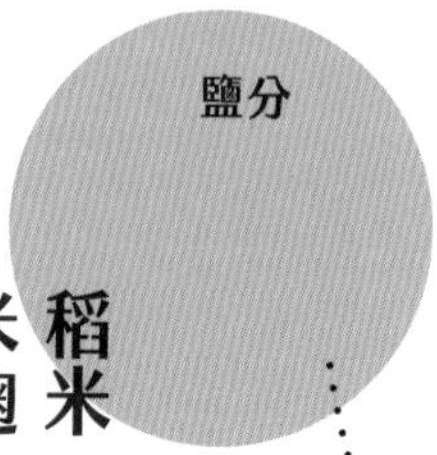

原料（米醋）

稻米
米麴

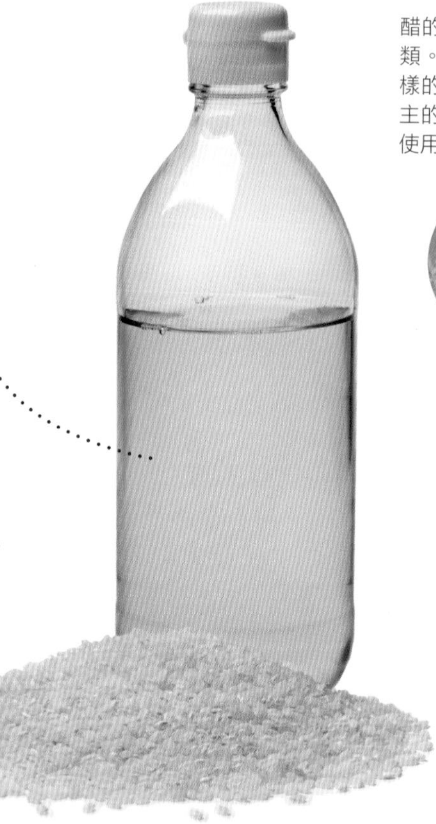

日本的醋

醋的原料來自水果和穀類。全球各地有各式各樣的醋，以栽種稻米為主的日本，自古以來便使用稻米釀造成醋。

米是醋的原料

糙米

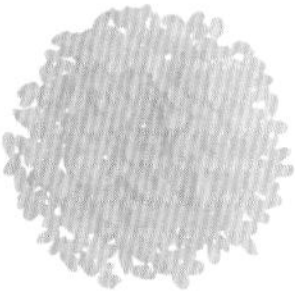

白米

關於米

蓬萊米可釀成米醋或穀物醋，糙米醋和烏醋的原料則是來自糙米。烏醋的顏色之所以是黑色，是因為醋裡面的氨基酸熟成後，變化產生的顏色。

醋不只有酸味而已

據傳代表日本飲食文化的壽司（Sushi）一詞，便是源自於醋（Su）。壽司美味與否的關鍵在於醋飯是否好吃，可見醋的重要性。

日本依料理的不同分別使用米醋、穀物醋、黑醋等三種醋；也常會使用壽司醋、二杯醋、三杯醋或淋醬等。

醋的種類或使用方式雖然不同，但其風味都能使料理清爽不膩口，有消除疲勞、促進食慾的效果。此外，醋不只含有酸味，也帶有鮮甜和甘醇，能襯托出其他調味料或食材本身的鮮美，使料理更加美味。

酒的種類＝醋的種類！

據傳醋是最古老的人工調味料，但簡單的說，就是讓酒發酵後的產物。將原料穀物、果實的糖份轉變成酒精，再加入醋酸菌使酒精發酵便製成醋。也就是說，如果用酒的種類等於醋的種類這樣的角度去思考，便可了解全世界有上千種不同的醋。

舉例來說，盛產葡萄酒的地方會有葡萄酒醋、盛產啤酒的國家有麥芽醋，中國有以糯米製成的紹興酒，所以用糯米為原料製成的香醋也名聲響亮。

選擇方式、種類

釀造醋的使用原料不同，種類也會隨之不同且各有特色。可以和果醋依照料理的不同來區分使用。

穀物醋

原料為小麥、大麥、玉米等，沒有特殊氣味，廣泛運用在各種料理上。

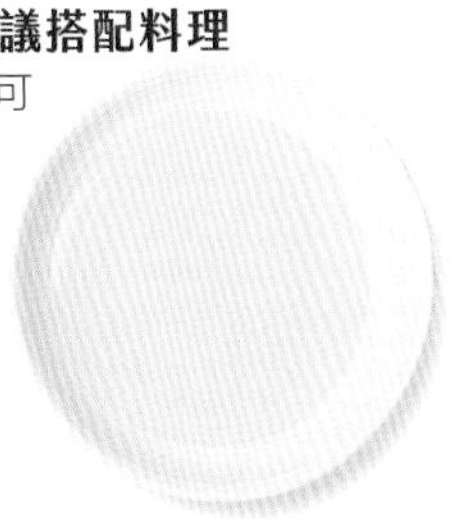

建議搭配料理
皆可

蘋果醋

蘋果汁發酵釀成的醋，帶有芳香醇美的甜味和香氣。適合醋漬料理或當淋醬。

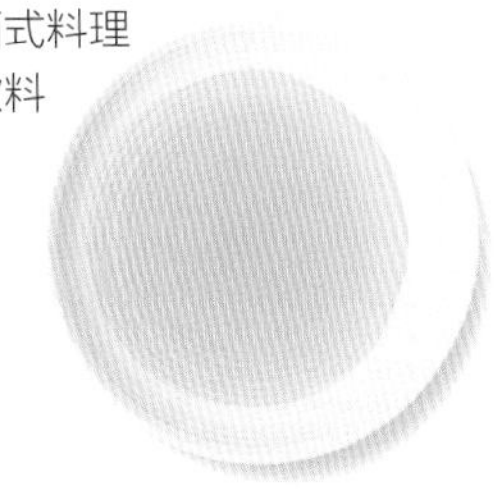

建議搭配料理
西式料理
飲料

米醋

原料為稻米，帶有酸味、甘甜和鮮味。適合所有日式料理和燉煮類料理。

建議搭配料理
醋漬物
燉煮類料理

巴薩米克醋

義大利特有，以紅酒長時間熟成的醋。有豐富香醇的口感。

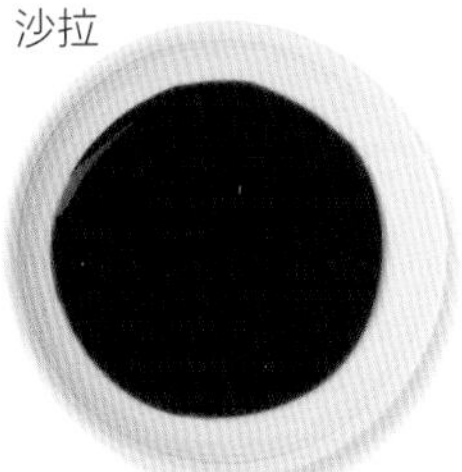

建議搭配料理
煎炒料理
沙拉

烏醋

原料為糙米和少量小麥，味道濃郁，是醬油的好搭檔。適合中式料理。

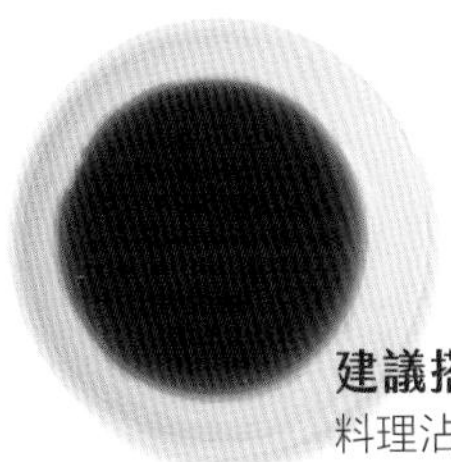

建議搭配料理
料理沾醬
中式料理

葡萄酒醋

葡萄汁發酵釀造而成，帶有明顯的酸味。分成紅酒醋和白酒醋。

建議搭配料理
沙拉
醋漬類

埃及豔后也愛喝醋？

西元前五千年左右，古代巴比倫留下用椰棗、葡萄乾釀造成醋的記錄，據說是知名的埃及豔后為了保持美貌而喜愛喝醋。在人人皆關注防止老化議題的現代，醋也成為維持每日健康的飲料而備受重視。

傳說日本在四百年前左右，從中國學到了釀酒的技術，而製醋方法也大約在那時候傳入日本。奈良時代時，醋被視為高級調味料和珍貴的藥品。進入鎌倉時代後，醋廣泛的使用在料理中，到了江戶時代，醋和味噌、醬油一起普及到庶民階層，各種配方醋也接著出現並廣為使用至今。

使用方式

用在想為料理增加酸味時。和其他的調味料和食材一起使用時，味道便會變得柔和。因加熱後味道會變得完全不同，可變化為各種滋味。

料理效果

- 有防腐、殺菌的效果，可讓食物不易腐敗。
- 能防止變色，可用在汆燙去除蓮藕或牛蒡的澀味後防止變色。

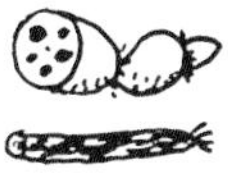

- 去除雜味，帶出食材的鮮甜。
- 能突出鹹味，即使加少量的鹽，料理也能有同樣的味道，所以醋有減少鹽分使用量的效果。
- 促進蛋白質凝固。可在煮水煮蛋時使用。

保存方法

存放在陰涼處。最好是放在冰箱冷藏。因釀造醋的風味易產生變化，請依使用量購買並儘早使用完畢。

記住超好用的基本材料，輕鬆上菜！

基本的漬物

材料（易做的量）

醋漬液
- 醋…1/2杯
- 白酒…1/4杯
- 水…1/4杯
- 砂糖…3大匙
- 鹽…1大匙

香料
- 月桂葉…1片
- 紅辣椒…2小根
- 黑胡椒…1小匙

Memo

利用冰箱中剩餘的蔬菜簡單輕鬆做出醋漬料理，可以自己嘗試調整醃漬液的比例，或加入其中的香草植物種類，找出自己喜愛的味道。

基本食譜

材料（易做的量）

喜愛的蔬菜
- 小黃瓜1根、彩椒1個、櫛瓜1根、芹菜1根等

上述材料製成的醃漬液、香草植物

作法

1 在鍋中倒入醃漬液，放進食材加熱煮沸。

2 事先將蔬菜處理過並切成容易食用的大小。

3 將步驟2的蔬菜，放入容器裡灑上香料。

4 把步驟1煮滾的醃漬液倒入步驟3中，靜置待其冷卻入味。

不過甜的爽口滋味

清爽漬物

材料（易做的量）

醋…1/4杯
白酒…1/4杯
水…1/4杯
砂糖…2大匙
鹽…1小匙
蒜片…2片
月桂葉…1片
黑胡椒…5~6粒
昆布…5公分正方

作法

除了昆布以外的食材全放入鍋中加熱煮滾，趁熱時淋上事先處理過的蔬菜，再加上昆布。

昆布的鮮味濃縮其中

和風漬物

材料（易做的量）

鹽…少許
醋…1杯
醬油…4大匙
昆布…5公分正方

作法

將所有材料攪拌混合均勻，再放入事先處理過的蔬菜醃漬。

適合醋漬馬鈴薯

白酒漬物

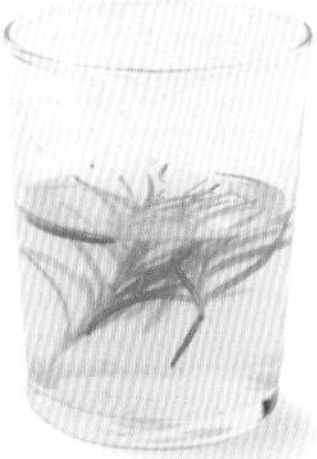

材料（易做的量）

白酒…2杯
米醋…1杯
迷迭香…2根
白胡椒粒…1小匙
鹽…適量

作法

把所有食材全放入鍋中加熱煮滾，再趁熱淋上事先處理過的蔬菜醃漬。

用壽司醋輕鬆完成

簡單壽司醋漬物

材料（易做的量）

壽司醋…3/4杯
檸檬汁…1/2顆
檸檬皮切絲…1/2顆份

作法

把所有食材全放入容器中混合，趁熱將汆燙過的蔬菜加入其中醃漬。

馬鈴薯和蛋也可醃漬

除了蔬菜之外，水煮過的馬鈴薯和雞蛋也很適合醋漬。可選擇凸顯兩者風味和顏色的香料來搭配，像白胡椒就能讓醋漬馬鈴薯和蛋的味道變得高雅且色澤美麗，可善加運用。

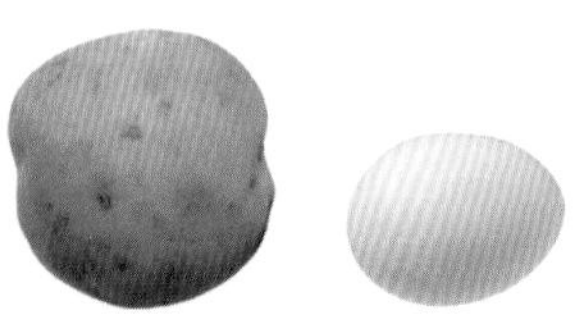

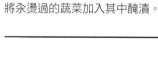

挑戰自製醃蕗蕎

基本的醃蕗蕎

材料（鹽漬蕗蕎200克份）

砂糖…1/3杯

醋…1/2杯

基本食譜

作法

用2大匙的醋洗鹽漬蕗蕎後，把醋倒掉。在保存容器中放入洗過的蕗蕎、砂糖和剩餘的醋醃漬。

在家可輕鬆製作的簡單版

即食紫蘇漬（柴漬）

材料（小黃瓜2根＋茄子4根份）

預先醃漬液

- 鹽…40克
- 水…2.5杯

正式醃漬液

- 梅子醋…1/4杯
- 水…1又1/4杯

作法

將適量的蘘荷切半、適量的青紫蘇切成4等份，小黃瓜和茄子切滾刀，適量的薑切成片。用預先醃漬液醃大約1天後把水分擰乾，再用正式醃漬液醃1小時以上。

適合白蘿蔔等味道清淡的蔬菜

柚子風漬物

材料（白蘿蔔1/3根）

柚子…1/2個

砂糖…1大匙

醋…2大匙

作法

把柚子的皮剝下切成5公分正方形，果肉擠成柚子汁。將柚子汁和砂糖、醋拌入事先去皮，切成等長長條狀的白蘿蔔，再撒上柚子皮。

適合下酒和配飯的爽口滋味

醋漬薑

材料（小黃瓜4根份）

薑醋（作法請參考左方）…1杯

醬油…2小匙

麻油…1小匙

作法

將所有調味料攪拌混合均勻成醃漬液，拍碎小黃瓜後折斷，用上述份量之外的麻油快炒過後，放入調勻的醃漬汁裡。

薑醋

材料（製成後約為2杯的份量）

米醋…1杯

薑…100克

砂糖…1/2杯

鹽…1小匙

作法

1 把薑切成絲，汆燙後放在篩網上瀝乾。

2 把步驟1的成品放入容器中，加入米醋、砂糖、鹽攪拌混合均勻後，移到保存容器中存放。

變化版蕗蕎

蕗蕎除了做成甜醋漬物外，也可嘗試其他的口味變化。（使用淡鹽水處理過的減鹽鹽漬蕗蕎500克）

鹽醋漬

將鹽15克、水一又四分之一杯、紅辣椒一根煮滾後放涼，加入4大匙的醋混合後放進蕗蕎醃漬。

蜂蜜漬

水、蜂蜜各一杯和醋二分之一杯混合後煮沸放涼，再放進蕗蕎醃漬。

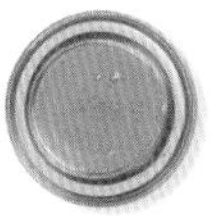

香草漬

混合水、醋、砂糖各一杯後煮沸放涼，再放進蕗蕎和自己喜愛的香草植物（蒔蘿或百里香）一起醃漬。

蔬菜醃漬醋

適合清爽的蔬菜類

材料（易做的量）
白酒醋…3大匙
紅辣椒切小圓片…1/2大匙（1根份）
沙拉油…5大匙
砂糖…1/2大匙
月桂葉…1片
鹽、胡椒…各適量

作法
將所有材料攪拌混合均勻調製成醃漬醋。事前處理喜愛的蔬菜並汆燙，再醃漬到調製的醋中。

肉類醃漬醋

讓風味濃郁的肉類料理更順口

材料（易做的量）
紅酒…2大匙
橄欖油…4大匙
蒜末…1/4大匙
番茄（5公分正方）…4.5大匙
洋蔥末…2大匙
巴西利末…1/2大匙
鹽、胡椒……各適量

作法
將所有材料攪拌混合均勻，把生食用的牛肉或炸過的豬肉醃漬其中。

醋漬鯖魚

把鹹鯖魚放入醋中醃漬即可

材料（鯖魚半尾）
穀物醋…1.5杯
水…1/2杯
砂糖…1大匙
薄口醬油…1大匙
酢橘切片…2片

作法
將所有材料攪拌混合均勻。在鯖魚上抹鹽後把多餘水分擦乾，上下翻面共醃漬30分鐘左右。

醃魚醋

減少魚腥味

材料（魚4尾）
白酒…1/2杯
白酒醋…1/2杯
月桂葉…1片
百里香…1根
鹽…1/3小匙
黑胡椒粒…少

作法
在鍋中將所有材料混合均勻，以中火煮約3分鐘。將撒上鹽、胡椒的斜切魚片（鯡魚等）和適量的切絲紅蘿蔔、洋蔥一起放入醃漬液裡。

西式壽司醋

用來做手毬壽司

材料（煙燻鮭魚8片份）
西式壽司醋液
- 煮過的味醂…2大匙
- 檸檬汁…2大匙
- 砂糖…1.5大匙
- 鹽…1/2小匙

作法
將所有材料攪拌混合均勻後，慢慢淋在煙燻鮭魚上醃漬約5分鐘。

鮭魚手毬壽司食譜

材料（4人份）
醋飯…2杯份
細青蔥…8根
醃漬過西式壽司醋的煙燻鮭魚（請參考右邊作法）…8片
依個人喜好…
- 西洋菜少許

作法
1 汆燙細青蔥後擰乾水分。
2 把醋飯分成8等份捏成圓球狀，包上醃漬過西式壽司醋的鮭魚片後，用細青蔥綁住；再插上西洋菜後風味更佳。

海鮮醃漬醋

材料（水煮過的章魚腳3根份）
醋…2大匙
鹽、胡椒…各少許
黃芥末醬…1小匙
橄欖油…3大匙

作法
將所有材料攪拌混合均勻做成醃漬液，章魚腳斜切成片後以上述份量之外的橄欖油快速炒過，再浸泡在醃漬液中。

醋漬的事前準備

先將蔬菜類切成適合食用的大小後，汆燙再醃漬。海鮮類要用生魚片等級的食材醃漬。肉類的話，牛肉可用生食級牛肉醃漬，其他肉類最好先沾麵衣炸過再醃。

令人吮指再三的經典味道
基本的南蠻醋

材料（易做的量）

南蠻醋
- 醋…1/2杯
- 水或高湯…1/2杯
- 砂糖…2大匙
- 醬油…2小匙
- 鹽…1/2小匙

Memo

上面是只要將材料攪拌混合均勻，即可完成南蠻醋基本材料。生病沒食慾或夏天熱到吃不下飯時，都十分推薦這道清爽的料理。

基本食譜

材料（易做的量）

竹筴魚…3條
洋蔥…1/2個
蘘荷…2個
上述材料製成的南蠻醋
醬油、麵粉、炸油…各適量

作法

1 將上述的所有材料全部攪拌混合均勻，製作南蠻醋。
2 將竹筴魚的上下魚肉和魚骨部份剖開切成三片魚片，再將各魚片切成三等份後淋上醬油、撒上麵粉。洋蔥和蘘荷則切成薄片。
3 把步驟1的南蠻醋淋在步驟2的蔬菜類上。
4 加熱炸油至170度，放入步驟2的魚片炸到酥脆，並趁熱醃漬到步驟3裡，約3小時。
5 盛盤，依個人喜好可以放上青紫蘇搭配。

適合醃漬小魚和炸茄子
梅子南蠻醋

材料（易做的量）

黑醋…1/4杯
水…1/4杯
蜂蜜…3大匙
米酒…3大匙
醬油…1大匙
醃梅子…4個
薑絲…1瓣份

作法

把醃梅子和薑絲之外的材料放入鍋中加熱煮滾後放涼，再把梅子放入。把食材放入醃漬醬中，最後搭配薑絲盛盤。

適合清爽口感的白肉魚
白肉魚南蠻醋

材料（4人份）

高湯…180毫升
醬油…150毫升
味醂…60毫升
醋…60毫升
紅辣椒…3~4根份

作法

將所有材料全部攪拌混合均勻。把沾上麵粉油炸過的白肉魚和獅子唐辛子等放入醃漬。

醬油香氣滿溢
肉類南蠻醋

材料（薄肉片300克份）

南蠻醋
- 醋…4大匙
- 高湯…4大匙
- 醬油…3大匙
- 砂糖…2大匙
- 紅辣椒末…1根份

作法

參考基本食譜，把魚替換成肉片即可。

使用薄口醬油突顯食材色澤
鮭魚南蠻醋

材料（生鮭魚4片份）

南蠻醋
- 鹽…1小匙
- 胡椒…少許
- 醋…3/4杯
- 薄口醬油…1大匙
- 高湯…1杯
- 紅辣椒末…1根

作法

參考基本食譜，把竹筴魚替換成鮭魚、蔬菜以芹菜、蔥、紅蘿蔔代替。

各種南蠻醋

南蠻醋漬料理通常會使用魚類，但用茄子或豬肉也一樣美味。如果使用風味清淡的茄子做南蠻漬料理，要改用香濃的烏醋比較搭配。若是豬肉的話，可搭配醬油和砂糖製作的濃郁南蠻醋醃漬。

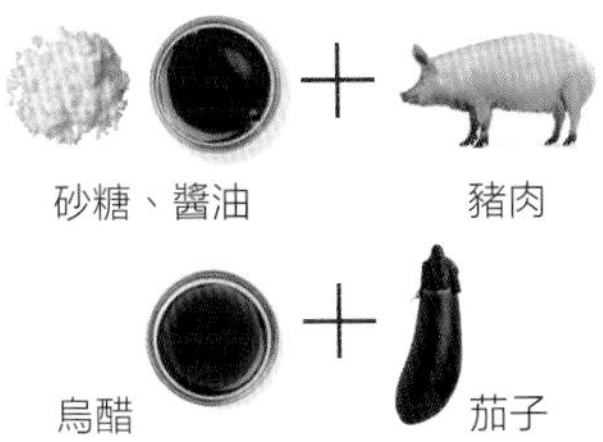

基本的醋物

甜度適中的三杯醋

三杯醋

材料（易做的量）
醬油…1
醋…1
味醂…1

Memo
微甜的三杯醋，是適合搭配海藻或蔬菜等味道清淡的調和醋。若是有章魚或小魚等較多海鮮，也可搭配二杯醋。

基本食譜

材料（4人份）
小黃瓜…2根
鹹味海帶芽…20克
吻仔魚乾…4大匙
鹽…1小匙
三杯醋（請參考上述作法）
薑絲…少許

作法
1 沖洗海帶芽後用熱水汆燙，再淋上冷水，擰乾水分後切碎備用。小黃瓜切薄片。
2 用鹽搓揉小黃瓜片再擰乾水分。
3 除了薑以外的材料都拌入三杯醋中，盛盤後再擺上薑絲裝飾。

土佐醋

適合拌在蔬菜或魚肉料理中

材料（易做的量）
高湯…3
醋…2
薄口醬油…1
味醂…1

作法
將所有材料依比例混合，再加熱煮沸後放涼。

蛋黃醋

甜度適中的清爽滋味

材料（易做的量）
蛋黃…2個份
醋…1.5大匙
味醂…2大匙
鹽…少許

作法
將所有材料在小鍋裡混合均勻，隔著熱水攪拌。變得較黏稠後關火放涼。

二杯醋

適合搭配所有醋物

材料（易做的量）
醬油…1
醋…1

作法
將所有調味料以指定比例混合加熱煮滾後放涼。

東南亞風甜醋

適合拌雞肉或蝦子

材料（易做的量）
魚露…4大匙
砂糖…4大匙
水…1/2杯
米醋…4大匙
蒜末…3瓣份
辣椒末…3根份

作法
在小鍋裡加入砂糖和水，加熱使其溶化，混合所有材料攪拌均勻。

昆布醋

是一種醋再加上甜味和鮮味的萬能調味料，加些許醬油就能馬上變身為涼拌醋物的調和醋。

材料（易做的量）
醋…2杯
砂糖…6大匙
鹽…2小匙
昆布（切成2.5公分正方）…40克

作法
1 把昆布以外的材料放入鍋中煮沸並放涼。
2 把昆布放入保存瓶中，倒入步驟1醃漬。

清爽鰤魚照燒

最後加醋使口感清爽

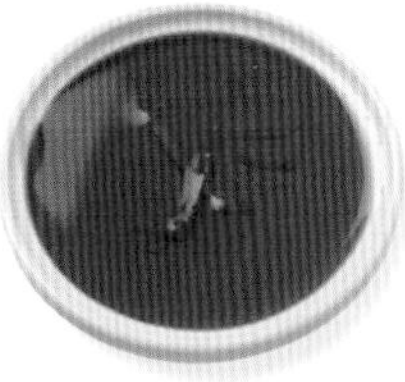

材料（鰤魚4片份）

醬油…2大匙
味醂…2大匙
薑醋（作法請參考P.47）…4大匙

作法

以平底鍋把鰤魚片兩面煎到上色，取出備用。倒醬油和味醂在同一個平底鍋內煮，再拌入薑醋。把鰤魚片放回鍋裡和醬汁拌勻入味。

清爽烤雞

可搭配多種具有香氣的蔬菜

材料（雞腿肉2片）

烤雞醬
- 醬油…2大匙
- 醋…2大匙
- 砂糖…1小匙
- 紅辣椒末…2小根

清爽烤雞食譜

材料（4人份）

雞腿肉…2片
香菜…1把
蔥白切絲…1根份
上述材料製成的烤雞醬
鹽、胡椒…各少許

作法

1 將上述材料攪拌混合均勻作成烤雞醬。
2 雞肉抹上鹽和胡椒，兩面煎熟。香菜切碎。
3 待雞肉煎至上色時，放進步驟1的烤雞醬再用鋁箔紙包起，讓餘熱蒸熟雞肉。
4 將步驟3切成適合食用的大小後，擺上蔥絲和香菜，再淋上剩餘的烤雞醬。

嫩煎醋醬雞腿

醋讓雞腿外皮香脆，肉嫩多汁

材料（雞腿肉2片）

大蒜…2大瓣份
鹽…3小匙
醬油…少許
橄欖油…4大匙
米醋…6大匙
迷迭香…4支

作法

把大蒜壓碎，混合所有調味料後將雞腿肉放入醃漬。再用平底鍋煎雞腿肉，一邊擦掉煎出的油脂，一邊將雞皮煎到酥脆。

沾醬

東南亞風味醬

搭配牛肉或紅肉魚燒烤

材料（易做的量）

蒜末…2瓣份
蔥末…1/2根份
紅辣椒末…2根份
魚露…4大匙
醋…4大匙
檸檬汁…1大匙
胡椒…少許
砂糖…1小搓
麻油…1大匙

作法

麻油加熱炒大蒜、紅辣椒和蔥。待香氣釋出後關火，拌入其餘調味料即可。

青辣椒醋

適合日式炒麵或烤魚

材料（易做的量）

青辣椒…10根
米醋…1杯

作法

把青辣椒切碎，和辣椒籽一起放入米醋中醃漬一天以上。

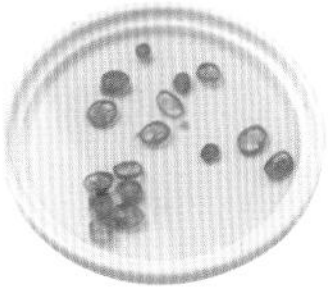

和風芝麻醋

香煎白肉魚、燒烤雞肉、貝類或菇類的好搭檔

材料（易做的量）

白芝麻…2大匙
醋…4大匙
砂糖…2小匙
醬油…1大匙
鹽…1/4小匙
黃芥末…1小匙

作法

將所有材料攪拌混合均勻。

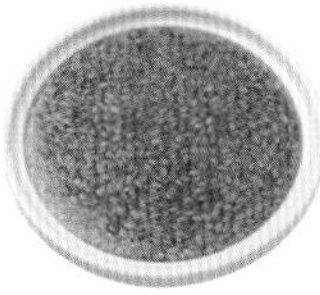

經典中式料理

基本的糖醋豬肉

Memo

許多人以為在家煮中式料理很困難，其實只要掌握基本原則就很簡單輕鬆。先學好中式料理中大受歡迎的糖醋豬肉，讓它變成自己的拿手菜吧！

基本食譜

材料（4人份）

豬腿肉（切塊）…300克
洋蔥…1個
青椒…2個
熟竹筍…120克
紅蘿蔔…80克
乾香菇…4朵
蒜片…1/4瓣份
上述材料製成的醃漬醬汁、炒醬、太白粉水
太白粉、炸油…各適量
沙拉油…1大匙

作法

1 先將乾香菇放入水中泡軟，斜切成薄片。把豬腿肉放進醃漬醬汁中，其他蔬菜切成適合食用的大小。

2 將太白粉撒在豬肉上，放入160度的油裡，用稍大的火慢慢油炸。青椒南蠻醋快速過油。

3 把沙拉油倒入平底鍋中加熱，依照大蒜、洋蔥、步驟1的香菇、竹筍、紅蘿蔔的順序放入鍋內，和炒醬一起拌炒。

3 加進太白粉水勾芡，放入步驟2的肉和青椒拌勻。

基本的糖醋豬肉

材料（4人份）

醃漬醬汁
- 薑汁…1/2小匙
- 薑、米酒…各2小匙

炒醬
- 番茄醬…4大匙
- 砂糖…5大匙
- 醬油…2大匙
- 鹽…1/2小匙
- 雞骨高湯…1/2杯
- 醋…2大匙

太白粉水
- 太白粉2小匙、水 4小匙

作法

請參考下方基本食譜。

只要最後倒入拌勻即可

簡單版糖醋豬肉

材料（4人份）

番茄汁…3大匙
砂糖…3大匙
醋…2大匙
鹽…少許
醬油…1大匙
米酒…1大匙
蠔油…1小匙
太白粉、 水…各1/2大匙

作法

將太白粉溶於水，在鍋中與其他調味料混合後煮滾。參考基本食譜的作法，把炸過的肉和過油的蔬菜加入拌勻。

烏醋版也美味

烏醋糖醋豬肉

材料（4人份）

醃漬醬汁
- 薑末…1大匙
- 酒…1大匙
- 醬油…1大匙
- 胡椒…少許

炒醬
- 米酒…1大匙
- 砂糖…2大匙
- 烏醋…3大匙
- 醬油…1/2大匙
- 鹽…2小撮

作法

參考基本食譜。不加蔬菜，只有豬肉也很美味。

要炸還是要煎？

如果想要一次炒好，豬肉最好事先加熱。裹粉油炸的話，味道較香濃。直接以平底鍋乾煎豬肉，沒有加油的話，口味會較清爽。

黑櫻桃醋炒醬

適合搭配豬肝等有腥味的食材

材料（4人份）

紅酒醋…1.5大匙
黑櫻桃（罐頭）…150克
黑櫻桃罐頭汁…1/2杯
鹽、胡椒…少許
奶油…2大匙

作法

在平底鍋裡炒肉，依序加紅酒醋、罐頭汁、黑櫻桃到鍋裡拌炒並撒上鹽和胡椒。最後放進奶油和所有食材拌勻。

海鮮白酒醋炒醬

適合拌炒貝類

材料（4人份）

炒醬1

白酒…2大匙
鹽…適量

炒醬2

白酒…2大匙
白酒醋…2大匙
奶油…15克
蒜片…1/2瓣

作法

在平底鍋裡放奶油和大蒜爆香，接著放入海鮮類拌炒，加入炒醬1後起鍋。接著在平底鍋內倒入炒醬2煮沸，淋到魚貝類上。

海鮮巴薩米克醋炒醬

可用來炒烏賊和蝦子

材料（4人份）

蒜末…1瓣
沙拉油…1大匙
米酒…2大匙
鹽、胡椒…各少許
巴薩米克醋…2大匙

作法

在平底鍋裡放沙拉油和大蒜爆香，接著放入海鮮類拌炒，再依序加米酒、鹽、胡椒、巴薩米克醋到鍋中與食材炒勻。加西洋菜或芹菜也很美味。

黑醋炒醬

適合炒絞肉等油脂多的食材

材料（4人份）

黑醋…2大匙
甜麵醬…1大匙
鹽…1/4小匙
米酒…1大匙

作法

事先將所有材料攪拌混合均勻。把肉類和蔬菜等食材放入鍋中炒過後，再加入炒醬拌炒均勻即可。

爽脆馬鈴薯炒醬

保留馬鈴薯的口感

材料（馬鈴薯2大個份）

醋…1大匙
鹽…1/2小匙
砂糖…1小匙
沙拉油…1.5大匙

作法

在平底鍋裡放沙拉油加熱，將已先切絲泡水過的馬鈴薯放入拌炒，再依序加入醋、鹽、砂糖調味。

香菜炒醬

半熟香菜的好滋味

材料（香菜2株份）

蒜末…1大匙
橄欖油…4大匙
鯷魚（Anchovy）末…1大匙
醋…1大匙

作法

把醋以外的材料放入鍋中炒，待香味釋出後加入切碎的香菜攪拌關火。以適量的鹽、胡椒調味後，最後再淋上醋即可。

關火前和關火後

醋加熱後，味道會變得較溫和。若想像香菜炒醬一樣保留原本的酸味，要在關火後加入。如果想要像馬鈴薯炒醬一樣溫和順口，需使用中火慢慢加熱。

關火後　關火前

最適合滷雞肉和蛋
蒜味醋燉肉

材料（雞翅8支）

滷汁
- 大蒜…1瓣份
- 薑片…3片
- 醋…1/2杯
- 醬油…1/2杯
- 砂糖…3大匙

Memo

用大蒜和醋燉煮的料理風味清爽，廣受各年齡層的喜愛，可以用自己喜歡的肉類和蔬菜試做看看。

蒜味醋燉雞翅

材料（4人份）

雞翅…8支
上述材料製成的滷汁
水煮蛋…2個
細青蔥末…適量

作法

1 把滷汁裡的大蒜用刀切半壓碎和其他所有材料、雞翅、已剝殼的水煮蛋放入鍋中，蓋上鍋蓋用小火燉煮約20分鐘。

2 將雞蛋切半，和雞肉一起盛盤，撒上青蔥點綴即可。

適合燉豬腿肉
巴薩米克醋燉肉

材料（豬肉400克份）

基底
- 沙拉油…2小匙
- 紅辣椒…2根
- 洋蔥末…1/2個份

滷汁
- 巴薩米克醋…2大匙
- 水…2杯

調味料
- 醬油…3.5大匙
- 紹興酒或米酒…2大匙
- 砂糖…2.5大匙

作法

把基本材料放進鍋內炒，加入稍微煎過的豬肉和滷汁燉煮20分鐘後，放入調味料燉煮到濃稠狀。

適合燉煮去頭和內臟的帶骨魚肉
清爽燉魚

材料（魚500克份）

滷汁
- 蔥段…2根份
- 薑片…10克
- 穀物醋…1/2杯
- 醬油…1/2杯
- 砂糖…3大匙
- 水…1/2杯

作法

在鍋中放入所有製作滷汁的材料煮滾，加進沙丁魚等魚類後煮到沸騰，之後用中火燉約10分鐘即可。

適合燉煮蝦子或扇貝干貝
黑醋燉海鮮

材料（蝦子10隻份）

滷汁
- 烏醋…1/4杯
- 蜂蜜…1小匙
- 醬油…1/2小匙
- 水…1小匙
- 麻油…1小匙

太白粉水
- 太白粉1小匙　水2小匙

作法

在鍋中放入所有製作滷汁的材料，混合均勻。放進過油的蝦子後加熱，燉煮一下子後倒入太白粉水勾芡，加洋蔥或青椒進去也很好吃。

關於雞肉和豬肉

風味清淡的雞肉，適合使用沒有特殊氣味的穀物醋燉煮。如果是油脂多的豬肉部位，特別適合用烏醋或巴薩米克醋等風味較濃的醋調製滷汁。

烏醋燉蝦

可以把糖醋豬肉的烏醋風味變化成其他燉煮料理。如果不想讓味道太濃，以海鮮類為主要食材也是很不錯的選擇。

胡椒的辣味與醋的酸味是絕佳美味

基本的酸辣湯

基本食譜

材料（4人份）

豬肉薄片…100克
乾香菇…以水泡開2朵
金針菇…50克
紅蘿蔔…30克
豆腐…1/2盒
蛋…1個
A ｜鹽、胡椒…各少許
　｜米酒、太白粉、麻油…各1小匙
上述材料製成的湯、調味料、太白粉水和完成前淋醬

材料（4人份）

湯
｜雞骨高湯…4杯
｜調味料
｜米酒…1大匙
｜醬油…1大匙
｜鹽…1/2小匙
｜胡椒…1/2小匙

太白粉水
｜太白粉2大匙　水4大匙

完成前淋醬
｜醋…2大匙
｜辣油…適量

作法

1 將豬肉切絲，均勻抹上A調味醃漬。
2 香菇切片，撥開金針菇、紅蘿蔔切絲。豆腐則配合蔬菜類切成條狀。
3 把雞骨高湯倒入鍋中煮沸，放入步驟1的肉，等顏色改變後放入豆腐以外的食材燉煮。煮熟後加入豆腐和調味料，再以太白粉水勾芡。
4 煮滾後在鍋裡打個蛋花，最後加入完成前的淋醬即可。

醋讓辣味變得溫和

咖哩酸辣湯

材料（4人份）

雞骨高湯…4杯
咖哩粉…2大匙
奶油…15克
沙拉油…1大匙
醋…4大匙
喜愛的食材（培根或蔬菜等）…適量

作法

將沙拉油和奶油、喜愛的食材放入鍋中加熱拌炒，撒上咖哩粉後炒勻。倒入雞骨高湯後煮滾，最後淋上醋調味再稍微燉煮一下即可上桌。

醋燉肉的基本味道

清爽燉菜

材料（4人份）

豬肋排…4根
醋…1/2杯
水…6杯
高湯粉…1/2小匙
月桂葉…2片
鹽…2小撮
胡椒…適量
喜愛的蔬菜…適量

作法

將豬肋排和醋放進鍋中煮滾，加入水、高湯粉、月桂葉和喜愛的蔬菜以小火燉煮。最後加鹽、胡椒調味即可。

酸辣夠味的亞洲風味湯代表

冬蔭功（泰式酸辣湯）

材料（4人份）

湯
｜紅辣椒…4根
｜香菜根切碎…4根份
｜薑片…8片
｜萊姆皮末…4大匙

完成前淋醬
｜萊姆汁…2個份
｜魚露…6大匙

喜愛的食材（蝦子、芹菜、香菜等）

作法

將煮湯的材料全部放進鍋中煮滾並加入喜愛的食材。等食材都煮熟後關火，淋上完成前淋醬即可。

冬蔭功火鍋

可以試試在冬蔭功酸味十足的湯頭裡多加一些食材，就能變身成美味的火鍋！推薦可以放蝦子、海瓜子、白菜、番茄、芹菜等，都很搭配。沾醬可以用魚露和檸檬調製，放上香菜更添風味！

微甜又清爽的懷舊口味

基本的蔬菜散壽司

基本食譜

材料（4人份）
米飯…3杯份
乾香菇…6朵
依個人喜好…
厚煎蛋捲、醬油醃漬鮭魚卵、蘿蔔苗等各適量
下述蔬菜壽司壽司醋的材料
砂糖、醬油…各2.5大匙

作法

1 把乾香菇放入水中泡開，去除蒂頭。把1杯香菇水和香菇放進鍋裡，加入砂糖煮約15分鐘。再加入醬油，煮到有點濃稠狀。
2 把步驟1切成薄片，厚煎蛋捲切成1.5公分的塊狀、蘿蔔苗切成2公分長。
3 將蔬菜壽司壽司醋倒入剛煮好的米飯內以斜切的手勢攪拌均勻入味，接著放入香菇作成壽司飯。
4 將步驟3盛盤，以多種色彩的食材點綴裝飾。

包乾香菇和紅蘿蔔的蔬食壽司

蔬菜壽司的壽司醋

材料（米飯3杯份）
醋…5大匙
砂糖…2大匙
鹽…1.5小匙

作法
將所有材料攪拌混合均勻，倒入剛煮好的米飯內，以斜切的手勢攪拌入味，同時也趁熱拌進煮得鹹甜的蔬菜。

飯糰壽司要比散壽司多加一點鹽

飯糰壽司醋

材料（米飯3杯份）
醋…5大匙
砂糖…3又1/3大匙（30克）
鹽…2.5小匙

作法
將所有材料攪拌混合均勻，倒入剛煮好的米飯內，以斜切的手勢攪拌入味。

米食沙拉風的調味

西式壽司醋

材料（米飯3杯份）
醋…3大匙
砂糖…3大匙
鹽…1小匙
檸檬汁…1.5大匙
檸檬皮末…少許

作法
將所有材料攪拌混合均勻，倒入剛煮好的米飯內，以斜切的手勢攪拌入味；建議可以搭配橄欖或鯷魚。

塞入豆皮（請參考作法P.15）裡變成豆皮壽司

豆皮壽司用的壽司醋

材料（米飯3杯份）
醋…5大匙
砂糖…2.5大匙
鹽…1.5小匙

作法
將所有材料攪拌混合均勻，倒入剛煮好的米飯內，以斜切的手勢攪拌入味。

各種壽司飯

在豆皮壽司或手卷壽司的醋飯裡做點改變，就能創造出許多全新的味道，豐富味覺。（以3杯米飯的份量為準）

梅子壽司飯
將梅子鹽1大匙（P.166）、醋5大匙、鹽少許混合製成壽司醋，均勻拌入剛煮好的米飯中。

柚子壽司飯
以柚子汁5大匙、砂糖1.5大匙、鹽1小匙混合製成壽司醋，均勻拌入剛煮好的米飯中。

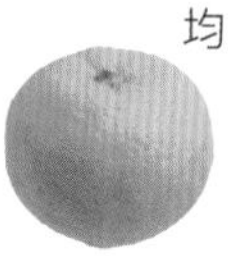

香味壽司飯
用市售的壽司醋6大匙和米飯混合製成壽司醋，再拿5片青紫蘇、1片份的薑末和白芝麻混合拌勻。

煎餃沾醬

煎餃沾醬除了經典的醋醬油之外，可按照個人喜好和煎餃的餡料選擇搭配不同的醬料。調味的重點在於兼具酸味和辣味，又能使口感清爽。

白蘿蔔泥檸檬沾醬

適合沾白肉魚煎餃

材料
白蘿蔔泥…200克
檸檬汁…2個份
鹽…1/2小匙
麻油…2大匙

作法
把所有材料攪拌混合均勻。

豆瓣醬芝麻醋

適合沾海鮮類煎餃

材料
烏醋…4大匙
白芝麻…2大匙
豆瓣醬…2小匙
麻油…2大匙

作法
把所有材料攪拌混合均勻。

經典醋醬油

依個人喜好調整比例

材料
醋…2小匙
醬油…1大匙
辣油…適量

作法
把所有材料攪拌混合均勻。

番茄醬油

具有甜味和酸味，適合沾雞肉煎餃

材料
番茄汁…2大匙
醬油…1大匙

作法
把所有材料攪拌混合均勻。

美乃滋韓式辣醬

接受度高的美乃滋沾醬

材料
美乃滋…1大匙
韓式辣醬…1小匙

作法
把所有材料攪拌混合均勻。

山葵醋

大人的味道，適合沾經典豬肉煎餃

材料
米醋…2大匙
山葵…1/2小匙
麻油…1/2大匙
蔥末…少許

作法
把山葵溶解在米醋中，加入其餘所有材料攪拌混合均勻。

醋胡椒

稍多胡椒，口感清爽

材料
米醋…1大匙
胡椒…1/2小匙

作法
把所有材料攪拌混合均勻。

梅子橄欖油

融合日式和西式的沾醬

材料
醋…2大匙
梅肉…2大匙
橄欖油…2小匙

作法
把所有材料攪拌混合均勻。

一定要學會的經典食譜

基本的法式沙拉醬

基本食譜

材料
紅酒醋…1/2杯
沙拉油…1杯
鹽…1小匙
粗粒白胡椒…1/4小匙

作法
把所有材料用打蛋器攪拌混合均勻。

簡單

沙拉淋醬

只有蔬菜的基本款沙拉，只要在淋醬上下點功夫就可以變身成美味佳餚。可以配合日式、西式或中式的料理做不同的變化喔！

畫龍點睛的嗆辣感

芥末沙拉醬

材料
白酒醋…2大匙
黃芥末…1/2大匙
鹽、胡椒…各適量
沙拉油…1/4杯

作法
把沙拉油以外的材料混合拌勻，最後慢慢加入沙拉油攪拌。

餐廳的美味

凱薩沙拉醬

材料
法式沙拉醬（作法請參考右側）…1/2杯
洋蔥末…1大匙
大蒜…1瓣份
鯷魚末…3片份
起司粉…2大匙
檸檬汁…1大匙
白酒…1大匙
蛋黃…1個份
酸豆（Caper）…4粒
黃芥末…1/2小匙

作法
將所有材料攪拌混合均勻到滑順的狀態。

搭配經典高麗菜絲沙拉，沾白菜也好吃

高麗菜絲沙拉醬

材料
醋…2大匙
美乃滋…2大匙
橄欖油…1大匙
鹽…1小匙
胡椒…少許

作法
將所有材料攪拌混合均勻。

用蘋果醋自製茅屋起司（cottage cheese）

材料（易做的量）
牛奶…2杯
蘋果醋…1/4杯

作法
1 將牛奶倒入鍋中加熱到60度。
2 放涼到40度，加入蘋果醋後以木杓攪拌均勻。
3 先把擰乾的過濾用布鋪在篩網上，等步驟2凝結成豆腐狀後將其放在過濾布上，輕輕把水分擰乾。

香脆培根沙拉醬

淋在洋蔥絲或番茄沙拉上

材料（4人份）

白酒醋…2大匙
沙拉油…1/2杯
蒜末…1/3大匙
培根切小片…1片份
巴西利末…1/2大匙
鹽、粗粒黑胡椒…各適量

作法

將沙拉油、大蒜、培根末放入鍋中，把大蒜和培根煎到香脆後放涼，加白酒醋、巴西利、鹽、粗粒黑胡椒攪拌混合均勻。

和風沙拉醬

材料簡單、適合各種沙拉

材料（4人份）

醋…2大匙
醬油…2大匙
沙拉油…1/4杯

作法

將所有材料攪拌混合均勻。

酪梨沙拉醬

顏色翠綠、口感綿密的沙拉醬

材料（4人份）

酪梨…2個
檸檬汁…1個份
鹽…1/3小匙
胡椒…少許
沙拉油…2大匙

作法

把酪梨對半直切，去籽、去皮後切成3公分寬的小塊，再將所有材料放入食物處理機中攪拌。

洋蔥沙拉醬

充滿洋蔥的鮮甜風味

材料（4人份）

洋蔥末…4大匙
鹽、黑胡椒…各少許
黃芥末…2小匙
檸檬汁…1大匙
白酒…1大匙
橄欖油…3大匙

作法

依序將材料放入鍋中攪拌，最後再慢慢倒入橄欖油拌勻。

東南亞風沙拉醬

加入香菜風味更道地

材料（4人份）

檸檬汁…4大匙
魚露…1大匙
水…1大匙
砂糖…1/2大匙

作法

將所有材料攪拌混合均勻。

中式沙拉醬

麻油香四溢

材料（4人份）

醋…2大匙
醬油…2大匙
白芝麻…1/2大匙
麻油…1/4杯
沙拉油…1/4杯

作法

混合醋、醬油、芝麻，再慢慢倒入麻油和沙拉油攪拌。

同樣的蔬菜沙拉也能以不同淋醬變換口味

即使是一顆番茄，也可依西式、日式或中式食譜分別製作淋醬。

西式
番茄切圓片＋洋蔥淋醬＋巴西利

日式
番茄熱水汆燙去皮、去籽後切塊＋和風淋醬

中式
番茄切半圓片＋中式淋醬＋蔥白切絲

海鮮
沙拉醬

以海鮮、生魚片等為主角的前菜沙拉，依照不同的魚種，變換搭配的淋醬。從適合搭配葡萄酒的果香淋醬到下飯的味噌醬，豐富多樣。

山葵沙拉醬
山葵醬油的創意搭配

材料
山葵泥…2小匙
醬油…2大匙
檸檬汁…2大匙
沙拉油…3大匙

作法
將所有材料混合並攪拌均勻。

紅肉魚沙拉醬
酸味明顯的沙拉醬

材料
檸檬汁…8大匙
醬油… 8大匙
麻油… 1大匙
胡椒…少許

作法
將所有材料混合並攪拌均勻。

奇異果沙拉醬
柔和的水果酸味

材料
法式沾醬（作法請參考P.58）…1杯
奇異果…1個
檸檬汁… 1大匙
蜂蜜… 1大匙

作法
奇異果切丁後，將所有材料混合並攪拌均勻。

味噌沙拉醬
適合配飯的輕食沙拉

材料
味噌…3~4大匙
麻油…1/3杯
米醋…1/3杯
七味粉…1/2~1小匙

作法
在碗裡放味噌和麻油，充分攪拌後再加入米醋、七味粉拌勻。

紅肉魚
沙拉裡用到味道濃厚且風味較重的紅肉魚時，搭配酸味較強的醬汁可以去除魚腥味。

白肉魚
沙拉裡用到味道清爽的白肉魚時，適合搭配酸味柔和的醬汁。若魚肉的水分太多，可抹鹽使肉質緊實。

魚乾也能做成沙拉
魚乾的味道最適合搭配味噌淋醬。可以把蔥、綠紫蘇、西洋菜等香氣濃郁的蔬菜和烤熟後剝除魚骨的魚肉拌在一起。

穀物沙拉醬

以味道多元豐富的沙拉醬搭配清淡的豆腐、穀物，再使用番茄、小黃瓜、四季豆（敏豆）等色彩鮮豔的蔬菜，讓料理看起來更可口。

絞肉沙拉醬

搭配豆腐等味道清淡的食材

材料

低脂豬絞肉…100克
蒜末…1瓣分分
米醋…3大匙
醬油…3大匙
胡椒…適量
沙拉油…2大匙

作法

在鍋中放入沙拉油和大蒜後開火，逼出香味後加進絞肉徹底炒散至熟透。轉小火加進米醋、醬油和大量胡椒。

地中海沙拉醬

搭配豆類和雜糧沙拉

材料

橄欖油…6大匙
白酒醋或醋…3大匙
鹽…1小匙
粗粒黑胡椒…少許
乾燥香草…1/3小匙
咖哩粉…少許

作法

將所有材料混合並攪拌均勻，加入自己喜愛的乾燥香草。

肉類沙拉醬

肉類沙拉建議搭配味道濃郁的菠菜或山茼蒿（春菊）一起食用，如果是生食難以入口，可淋上熱騰騰的醬汁使其軟化。

咖哩沙拉醬

冷涮豬肉沙拉

材料

咖哩粉…1/3大匙
檸檬汁…1大匙
番茄醬…1大匙
蒜末…1/3小匙
橄欖油…1/3杯

作法

乾炒咖哩粉或用烤箱烤出香氣後，拌入其他材料。

洋蔥醬油沙拉醬

可搭配烤牛肉的醬料

材料

檸檬汁…2.5大匙
洋蔥丁…2大匙
鹽…1/3小匙
粗粒黑胡椒…適量
醬油…少許
沙拉油…4大匙

作法

將所有材料混合並攪拌均勻。

熱淋醬

搭配雞肉或豬肉沙拉

材料

麻油…2大匙
蒜泥…1小匙
醬油…3大匙
醋…3大匙

作法

在小鍋中放入麻油和蒜末後開火，逼出香氣後加入其他調味料煮滾，趁熱淋在沙拉上。

甜點醋

運用蔬菜或水果自己來做醋吧！除了能加在日常料理中，也能與果汁或碳酸飲料搭配變成獨創的飲品喔！

番茄醋

材料（易做的量）

米醋…1/2杯
番茄…2個
鹽…1小匙
胡椒…少許

作法

1 去掉番茄籽後，連皮一起磨成泥。

2 將步驟1放入耐熱容器中，以保鮮膜包住，放進微波爐內加熱3分鐘。

3 把調味料全部放進步驟2中拌勻，再移到保存容器中，馬上就能使用。

蘋果醋

材料（易做的量）

蘋果…300克
冰糖…300克
純米醋…1.5杯

作法

1 將蘋果洗淨，連皮切成半月形。

2 將步驟1的蘋果片和冰糖依序放入保存容器中，倒入純米醋。

3 等冰糖溶化，蘋果浮起時即可享用。

香蕉黑醋

材料（易做的量）

香蕉…1根
黑糖…100克
烏醋…1杯

作法

1 將香蕉剝皮後切成圓片。

2 把步驟1的香蕉片和黑糖放入耐熱的保存容器中，倒入烏醋。

3 以微波爐加熱30~40秒，放置在室溫下半天左右再食用。

味噌

Soybean paste

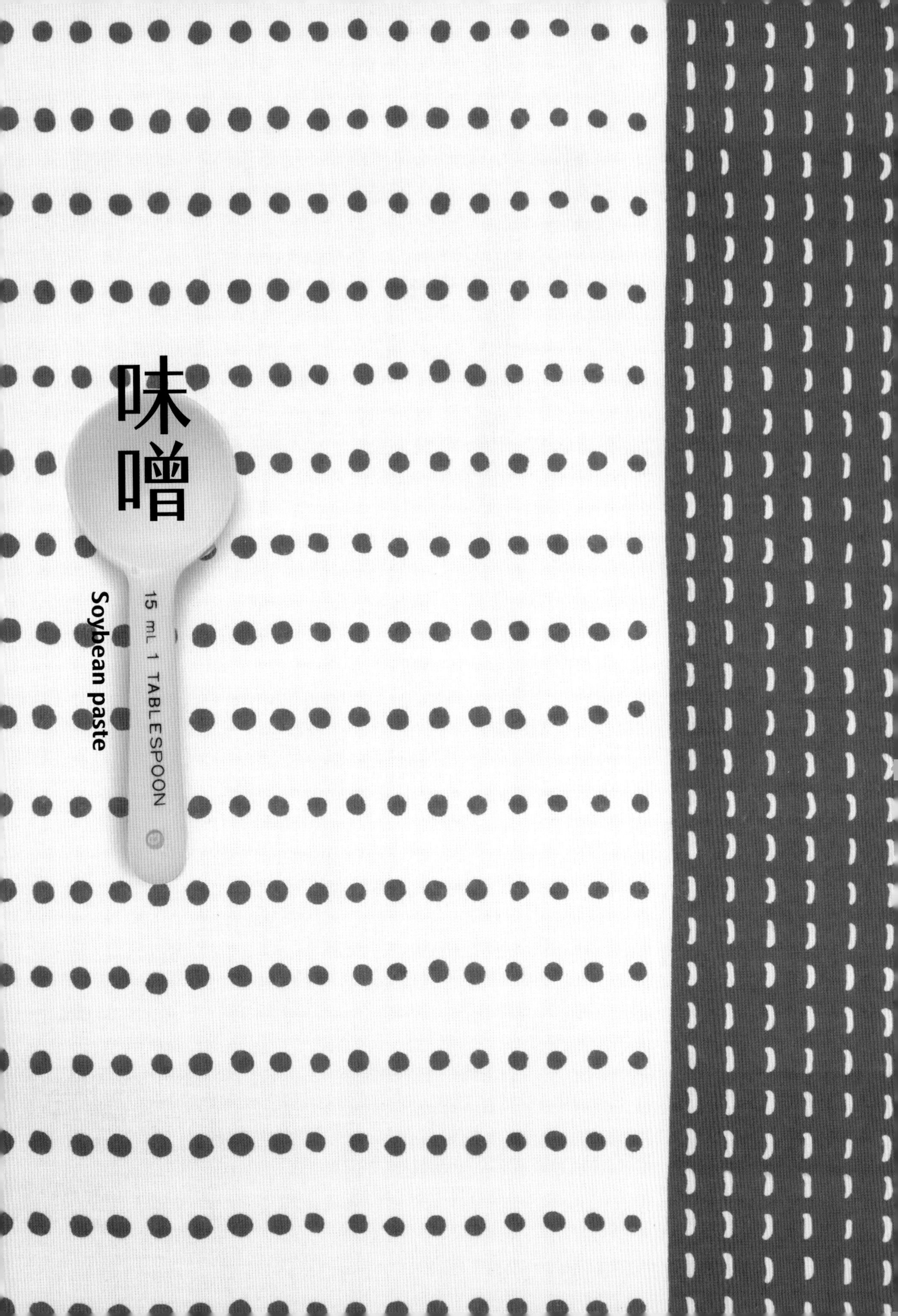

味噌

關於營養

味噌裡含有鈣質和維生素B群，有安定心神的效果，喝下味噌湯後覺得心情放鬆，或許正是這個原因吧！

有多少種麴菌就有多少種味噌

麴菌的種類和黃豆的比例是決定味噌風味的關鍵，風味甘甜的西京味噌中，米麴菌的含量便多於黃豆。

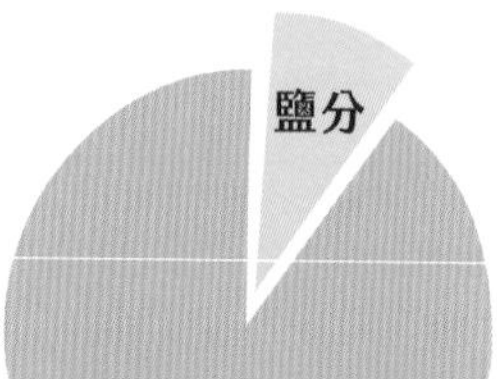

原料（米味噌／淡色鹹味噌）
黃豆
米麴

米味噌口感清爽、麥味噌口感溫和、大豆味噌較濃郁。不同種類的麴菌製作出來的味噌口感也會有差異。

白飯當然要配味噌湯

日本鎌倉時代的飲食習慣是一湯一菜，湯是味噌湯，菜是指搭配白飯的配菜，還有漬物。但這樣的搭配，對當時的平民來說已是奢侈，一般人家裡通常沒有配菜，只有米飯、味噌湯和漬物三樣。無論如何，味噌湯對日本人來說是不可缺少的重要存在。

江戶時代流傳著一種說法：「付錢給醫生看病，還不如花錢買味噌。」配合各地風土民情、精心釀造的味噌在當時民眾心中也是種對健康有益的食品。

正如同「自製味噌」（手前味噌）這個詞彙中所展現的古早風情般，以前每個家庭都會自己製作味噌，對自家味噌獨特的風味均十分自傲而代代相傳。

充滿地方特色的健康調味料

味噌的主要原料是黃豆、米或麥，和醬油一樣會加入麴菌和鹽，使其發酵熟成。

以原料來區分的話，有米味噌、大豆味噌、麥味噌和調和味噌四種，使用的麴菌也各有不同。顏色則分為白色、淡色、紅色且濃淡各異。味道大致可分成甜味噌、鹹甜味噌和鹹味噌等，種類繁多。

味噌據說含有預防癌症的成分和防止胃潰瘍的效果，甚至能促進消化、分解毒素和抗老

米味噌（甜）

西京白味噌是這種味噌的代表，特色是口感溫醇且帶有淡淡甜香。

建議搭配料理
燒烤類
京都料理

豆味噌

八丁味噌的主產地在東海地區，具有濃郁的甘甜、澀味與特有的香氣。

建議搭配料理
紅味噌湯

米味噌（鹹、淡色）

信州味噌即屬此類，甘甜不膩且具有清新的香氣。

建議搭配料理
清爽風味噌湯

選擇方式、種類

市面上銷售的味噌種類多到令人訝異。將不同味道的味噌混合調勻後使用，能使料理的風味更有層次和深度。

麥味噌

常見於九州地區，有偏甜的淡色味噌，也有較鹹的紅味噌，每一種都具有麥子獨特的香味。

建議搭配料理
麥味噌湯
（田舍味噌湯）

米味噌（鹹、紅色）

最有名的是仙台味噌，具有濃郁的甘甜和鹹味、充滿發酵熟成後的香氣。

建議搭配料理
燉煮類
味噌燒烤

化，廣受國際的關注。

味噌文化的傳承

味噌據說起源於中國大陸，在日本則可追溯到飛鳥時代。歷史文獻中，味噌湯的出現則始於室町時代。到了日本戰國時代，熱量來源的米和營養來源的味噌成為民生必需品，據傳武田信玄和伊達正宗對信州味噌、仙台味噌都大為讚賞。近年來因西洋文化的影響，早餐時喜歡吃麵包的日本人逐漸增加，各家廠商也持續研發和推出各種速食味噌湯或高湯味噌等新商品，努力不讓味噌從日常生活飲食文化中消失。大家可以多嘗試各地生產，具有不同特殊風味的味噌，除了作成味噌湯外，也可試著加一點在料理中，就能讓料理的風味變得溫和醇厚，具有多種層次的口感。

使用方式

味噌除了煮味噌湯以外，還能運用在提味、醃漬魚類或肉類和拌炒類料理上。和奶油、優格、牛奶一起搭配使用，更能製作西式料理。

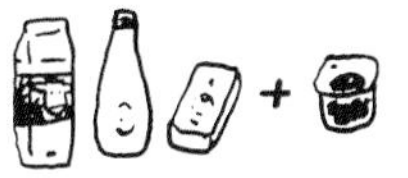

料理效果

- 有提味的效果，風味溫和醇厚，具有獨特的鮮甜，能增加料理的層次感。
- 有去除臭味的效果，對消除魚腥味特別有用，味噌煮鯖魚即是代表。

保存方法

不能讓味噌接觸空氣，需密封冷藏保存在冰箱中。如果要將多種味噌一起保存在密封容器裡，可以利用昆布隔開，還能順便增添風味。

基本的味噌鯖魚

經典味噌燉煮料理，鹹甜滋味很下飯

材料（鯖魚1尾份、約700克）

調味料
- 味噌…4~5大匙
- 砂糖…1.5~2大匙
- 米酒…1/2杯
- 味醂…4~5大匙

醬汁
- 水…1.5杯
- 薑皮切絲…1瓣份

Memo

為了讓鯖魚容易煮熟和入味，要先在魚肉上劃幾刀。盛盤時看起來也較漂亮。

基本食譜

材料（4人份）

鯖魚（剖成2片）…1尾份
上述材料製成的調味料
醬汁
依個人喜好…
- 珠蔥、鴻喜菇…各適量

作法

1 將調味料混合攪拌均勻。
2 把鯖魚片切半，在魚皮上斜劃兩刀。
3 把步驟2放入容器中，淋上熱水，再用流動的清水洗淨並擦乾水分。
4 在平底鍋中倒入材料一半份量的醬汁和調味料加熱煮沸，放入步驟3後加蓋燉煮約10分鐘。
5 放進喜歡的蔬菜和剩餘的一半調味料加熱約3分鐘，再淋上醬汁燉煮到收汁入味即可。

山椒味噌鯖魚

享受山椒的刺激辛辣感

材料（鯖魚1尾份）

味噌…1.5大匙
醬油…1大匙
砂糖…2大匙
米酒…1/2杯
薑片…1瓣份
山椒粒…少許
水…1/2杯

作法

用一半份量的味噌，混合其他所有材料加熱煮沸，再放進鯖魚一起煮。最後把剩下的味噌倒入溶化一起燉煮。

八丁味噌的味噌鯖魚

濃郁甘甜的滋味

材料（鯖魚1尾份）

調味料
- 八丁味噌…4大匙
- 味醂…4大匙
- 醬油…2大匙

醬汁
- 米酒…4大匙
- 砂糖…4大匙
- 薑片…2瓣份
- 高湯…1杯

作法

把醬汁煮沸，放入鯖魚燉煮後再加入調味料，繼續燉煮約2~3分鐘。

芝麻味噌鯖魚

香醇倍增的芝麻醬

材料（鯖魚1尾份）

味醂…6大匙
醬油…3大匙
味噌…3大匙
白芝麻醬…4大匙
砂糖…2大匙
水…3杯

作法

混合所有調味料和水煮沸，放入鯖魚後再繼續燉煮。

梅子味噌鯖魚

口感清爽的新味噌鯖魚

材料（鯖魚1尾份）

醃梅乾（去籽、撕碎）…4個
水…2杯
米酒…1杯
味醂…1杯
砂糖…4大匙
味噌…8大匙

作法

用一半份量的味噌，混合其他所有材料加熱煮沸，再放進鯖魚一起煮。最後再把剩下的味噌倒入溶化燉煮即可。

味噌鯖魚小知識

如何隨著氣候的變化來調整味噌鯖魚的材料？天氣熱的時候可以加梅子作成清爽版，天氣較冷時可以加芝麻增加濃郁口感。擺盤時可以用茄子或菇類點綴，增添季節感。

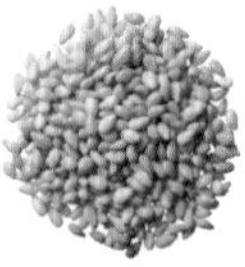

天冷時

天熱時

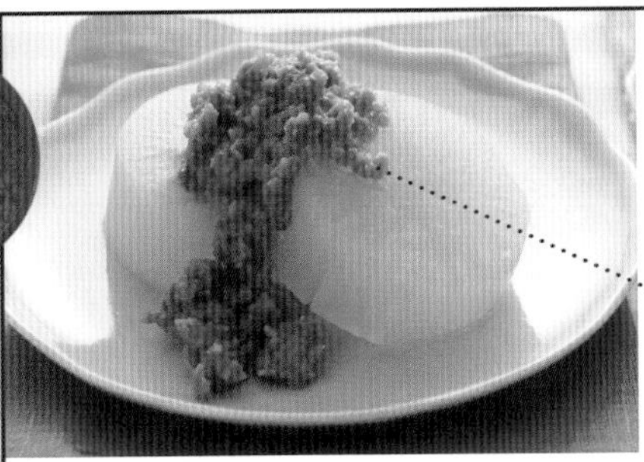

基本的味噌醬白蘿蔔

材料（4人份）
白蘿蔔…1/2根
昆布…10公分
米酒…1/4杯
自己喜歡的材料味噌

作法
1 把白蘿蔔切成3公分厚的圓片，削去一層厚厚的外皮再用刀於表面劃上十字。
2 將步驟1、昆布、米酒放入鍋內，再加水到剛好淹過食材的高度後，以小火燉煮約50分鐘。
3 將白蘿蔔汁瀝乾盛盤，淋上味噌醬即可。

微波加熱就能做的輕鬆省時料理

豬肉味噌醬白蘿蔔

材料（白蘿蔔1/2根份）
絞肉…200克
味噌…5大匙
砂糖…4大匙
米酒…2大匙

作法
把所有材料攪拌混合均勻，蓋上保鮮膜微波加熱4分鐘後拿出拌勻，接著不需使用保鮮膜直接放入微波爐加熱約3分鐘即可。

芝麻醬香濃風味

芝麻紅味噌醬白蘿蔔

材料（白蘿蔔1/2根份）
紅味噌…100克
高湯…3大匙
砂糖…3大匙
米酒…2大匙
白芝麻醬…1大匙

作法
把所有材料放入小鍋裡，用小火慢慢熬煮至粘稠狀即可。

名古屋特色內臟料理

土手煮

材料（豬內臟400克、白蘿蔔1/2根份）
調味料
紅味噌…100克
三溫糖…60克
薑片…1大瓣份
醬汁
米酒…1/2杯
水…1.5杯

作法
把食材放入醬汁中加熱，煮熟後放入調味料以小火慢燉即可。

味噌燉煮能去除腥味

芝麻味噌燉內臟

材料（豬內臟400克、白蘿蔔1/2根份）
調味料
味噌…3大匙
米酒…5大匙
黑芝麻粉…2大匙
味醂…1大匙
醬油…1大匙
七味辣椒粉…1/3小匙
醬汁
水…5杯
米酒…3大匙
蒜片…4瓣份
薑片…1瓣份

作法
把食材放入醬汁中加熱，煮熟後放入調味料以小火慢燉即可。

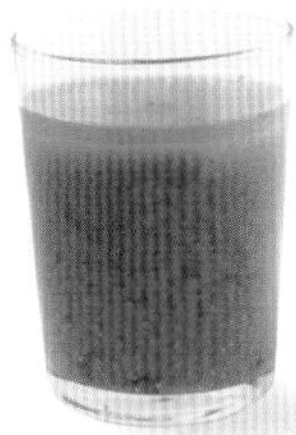

也可加內臟或蒟蒻

味噌燉內臟

材料（豬內臟400克、白蘿蔔1/2根份）
高湯…5杯
味噌…130~150克
米酒…2大匙

作法
把高湯倒入鍋中加熱，放進事先處理過的豬內臟和白蘿蔔燉煮。煮熟後加味噌和高湯再稍加燉煮即可。

豬內臟去腥小祕訣

市售的豬內臟通常多是已煮過的，但如果還是覺得有腥味，可以用溫水搓洗乾淨後再烹煮。或是在燉煮時加入大量的薑即可去除腥味，讓內臟更好吃。

薑

除了內臟外也可放牛筋

土手煮除了內臟外，加入煮過的牛筋也很好吃。用四分之一杯的紅酒提味，加上料理酒和一半份量的味噌，再以醬油調味即可。

下飯的經典醃漬燒烤
基本的西京燒

材料（易做的量）
味噌醃床
西京味噌…100克
米酒…2大匙
砂糖…1大匙

Memo
西京味噌除了適合搭配土魠（鰆魚）或鯛魚等白肉魚外，和豬肉、雞肉也很對味。尤其是蘋果味噌醃床和肉類是個絕配，醃漬在其中的蘋果，也可一起下鍋煎熟成為美味的配菜。

基本食譜
材料（4人份）
土魠…4片
上述材料製成的味噌醃床
鹽…1/2小匙
沙拉油、味醂…各少許

作法
1 在土魠魚片上抹鹽醃漬約半小時後，擦掉多餘水分，放入已攪拌混合好的味噌醃床醃漬約3天。
2 取出土魠後沖水洗淨魚片上的味噌醬再擦乾。
3 在錫箔紙上抹少許沙拉油並擺上步驟2，烤約8分鐘。烤熟後再用刷子刷上味醂即可。

洋蔥味噌醃床
除了當味噌醃床，還能做炒醬

材料（易做的量）
洋蔥末…1個份
味噌…180～200克

作法
材料混合攪拌均勻，放置約1小時使其入味，可醃豬肉或做旗魚燒烤。

蘋果味噌醃床
充滿蘋果溫和天然的甘甜

材料（易做的量）
味噌…1杯
酒粕…1杯
蘋果泥…1/2個份
蘋果薄片…1/2個份
米酒…1/2杯

作法
混合攪拌材料，放置約1小時使其入味，可醃豬肉或做雞肉燒烤。

梅子味噌醃床
酸甜清爽的滋味

材料（易做的量）
味噌…100克
砂糖…80克
味醂…5大匙
梅子肉…2小匙

作法
將梅子肉之外的材料都放進耐熱容器中攪拌，不加保鮮膜放進微波爐加熱1分鐘後取出拌勻。重複此步驟3次，放涼後倒入梅子肉攪拌均勻，再放進鯛魚等白肉魚醃漬後燒烤。

薑味噌醃床
沒有甜味，是男性喜愛的味道

材料（易做的量）
味噌…1杯
味醂…1/2杯
米酒…1/2～2/3杯
薑泥…1大瓣份

作法
混合攪拌材料，放置約1小時使其入味，可醃漬海鮮類後再燒烤。

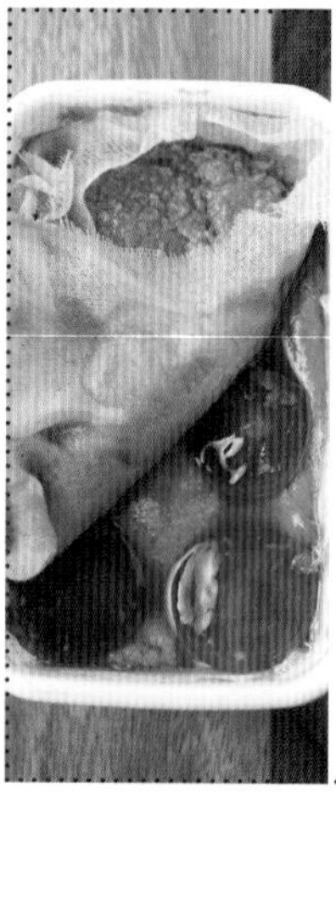

味噌醃蛋黃

材料
蛋…4個
喜愛的味噌…500克
味醂…5又1/3大匙

作法
1 製作溫泉蛋；把蛋放進裝了70度熱水的熱水瓶約40分鐘。
2 去掉蛋白，留下蛋黃。
3 在保存容器中混合味噌和味醂，取出一半份量後鋪上紗布。在紗布上挖4個凹洞，將步驟2的蛋黃擺進去。
4 蓋上紗布，抹上取出的另一半味噌，再放入冰箱冷藏醃漬約兩天。

味噌豬肉焗烤醬
和起司意外搭配

材料（易做的量）
豬絞肉…300克
味噌…4大匙
味醂…2大匙
蒜末…2瓣份
蔥末…10公分份
麻油…2大匙

作法
在平底鍋中倒入麻油，放進蔥蒜和絞肉翻炒。再加味噌、味醂和少許的水拌炒成醬。

山藥泥味噌焗烤醬
鬆軟綿密的口感

材料（易做的量）
山藥泥…400克
味噌…4大匙
蛋…4個

作法
把所有調味料攪拌混合均勻。

味噌焗烤的作法

材料
喜愛的食材
（味噌焗烤肉醬適合搭配豆腐，山藥泥味噌焗烤肉醬建議搭配蔥和火腿）
從上述兩種挑選喜愛的焗烤醬
依個人喜好放上披薩用起司

作法
將食材切成容易食用的大小，蔬菜類輕炒過。把食材放在焗烤盤裡，淋上焗烤醬，喜愛起司的話，可鋪上起司絲再放進烤箱裡烤。

鮭魚鏘鏘燒
北海道的地方美食

材料（4人份）
醬汁
- 味噌…3大匙
- 米酒…2大匙
- 味醂…1大匙
- 砂糖…1大匙
- 醬油…1小匙
- 奶油…2大匙

作法
把所有調味料攪拌混合均勻，參考基本食譜的步驟料理。

朴葉味噌
飛驒高山的地方美食

材料（易做的量）
味噌…2大匙
味醂…2大匙
砂糖…1小匙
麻油…1/2小匙

作法
把所有調味料攪拌混合均勻，加上切碎的蔥和香菇後，放在朴葉上燒烤後享用。

朴葉味噌
朴葉味噌是岐阜、高山地方的鄉土料理，是在乾燥的朴葉上塗一層厚厚的蔥薑味噌，再炭烤過的料理方式。朴葉的香氣融合在味噌中，非常美味。

輕鬆簡單的鮭魚鏘鏘燒

材料（4人份）
生鮭魚…3片
高麗菜…1/4個
洋蔥…1個
鮮香菇…3朵
米酒…1大匙
鹽…1/3小匙
沙拉油…2小匙
上述材料製成的醬料

作法
1 在鮭魚片上抹鹽和米酒，醃漬約10分鐘。
2 把蔬菜切成容易食用的大小。
3 將沙拉油倒入平底鍋中加熱，去除步驟1魚片上的多餘水分，兩面煎熟至上色後取出。
4 用同一個平底鍋拌炒步驟2，將步驟3放回鍋內一起拌炒後，均勻淋上調和的醬料，再加蓋悶煮蔬菜至熟透。
5 掀開蓋子，取下鮭魚肉、剔除魚骨再和蔬菜炒勻。

基本的回鍋肉

高麗菜的鮮甜最適合搭配辣味噌

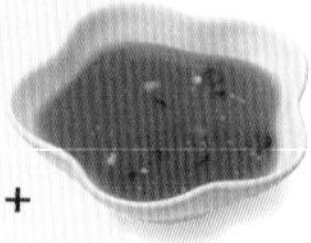

材料（豬肉200克＋高麗菜300克份）

醬料

| 味噌…25克
| 米酒…2大匙
| 砂糖…1大匙
| 醬油…1大匙
| 蒜末…1瓣份
| 薑末…1瓣份
| 紅辣椒末…1根份
| 沙拉油…1/2大匙

基本食譜

材料

豬五花肉片…200克
高麗菜…300克
青椒…2個
蔥…1/2根
鹽…少許
沙拉油…2大匙
麻油…2小匙

作法

1 將材料中炒醬的沙拉油倒入平底鍋中加熱爆香蒜、薑和辣椒，待逼出香味後關火，加進炒醬的其他調味料拌勻。

2 把豬肉和蔬菜切成容易食用的大小。

3 在炒鍋裡加入一半份量的沙拉油加熱，放入蔬菜翻炒，用鹽調味後取出。

4 倒入剩餘的沙拉油和材料的醬料炒散豬肉片。

5 把步驟3的蔬菜放回鍋內均勻翻炒，起鍋前淋上麻油增添香氣。

基本的麻婆豆腐

基本食譜

材料

豆腐…1盒
豬絞肉…150克
韭菜…20克
沙拉油…1.5大匙
左邊敘述中喜愛的醬料
（照片中是傳統麻婆豆腐）

作法

1 豆腐瀝乾水分後切成2公分的小塊。韭菜切小段。

2 將沙拉油倒入平底鍋中加熱，以小火炒材料的醬（A），逼出香味後加進絞肉翻炒，再加入材料中的調味料（B）。

3 倒入醬汁（C）煮滾，再放太白粉水（D）勾芡。

4 加豆腐和韭菜到鍋內，稍煮一下即可撒上山椒粉起鍋。

傳統麻婆豆腐

豆瓣醬和山椒的正宗風味

材料（豆腐…1盒份）

醬

| 蒜末…1瓣份
| 薑末…1瓣份
| 蔥末…1/2根份
| 豆瓣醬…1小匙
| 豆豉末…1大匙

調味料

| 醬油…1大匙

醬汁

| 雞骨高湯…1杯

太白粉水

| 太白粉1.5大匙　水1.5大匙

起鍋前

| 山椒粉…少許

作法

參考基本的麻婆豆腐食譜

甜麻婆豆腐

孩子也喜歡的調味

材料（豆腐…1盒份）

調味料

| 八丁味噌…2大匙
| 味醂…2大匙
| 豆瓣醬…1大匙
| 砂糖…1小匙
| 薑末…20克

醬汁

| 雞骨高湯…1/2杯

太白粉水

| 太白粉1大匙　水2大匙

作法

參考基本的麻婆豆腐食譜；加入調味料B、醬汁C、太白粉水D。

番茄麻婆豆腐

加入一點西式風味

材料（易做的量）

醬

| 蒜末…1/2小匙
| 洋蔥末…3大匙
| 紅辣椒（切碎）…1根

調味料

| 番茄醬…3大匙
| 鹽…1/2小匙
| 胡椒…適量

醬汁　　起鍋前

| 番茄　　| 起司粉

作法

參考基本的麻婆豆腐食譜；加入A醬和B調味料，醬汁替換成切碎的番茄丁C。起鍋前撒上起司粉。

分次加入味噌

基本的味噌炒茄子

材料（茄子4條份）

調味料

- 紅辣椒末…2根份
- 米酒…3大匙
- 味醂…2大匙
- 砂糖…2大匙
- 醬油…2小匙
- 味噌…2小匙
- 麻油…1小匙

味噌

- 味噌…2小匙

基本食譜

材料（4人份）

茄子…4條

材料的調味料

味噌（照片中是基本作法）

沙拉油…1大匙

作法

1 將調味料中的麻油倒入平底鍋中加熱炒紅辣椒末，再加入其他全部的調味料煮滾。

2 切掉茄子的蒂頭，縱向剝皮後切滾刀，泡進水中。

3 將沙拉油倒入平底鍋中加熱，放入去除水分的茄子炒到變軟，加進步驟1的調味料（A）。

4 放入味噌（B）快速拌勻，如果味噌不易溶化，也可再加一大匙水。

薑可讓味噌變得清爽

薑味噌炒茄子

材料（茄子5條份）

調味料

- 醬油…1/2大匙多
- 薑汁…2小匙

味噌

- 味噌…1.5大匙
- 砂糖…2大匙

作法

參考基本的味噌炸茄子食譜，加入調味料A和味噌B。

炸物也能沾味噌醬？

炸物和味噌醬兩者似乎是較少見的組合，但卻是道地的名古屋料理。

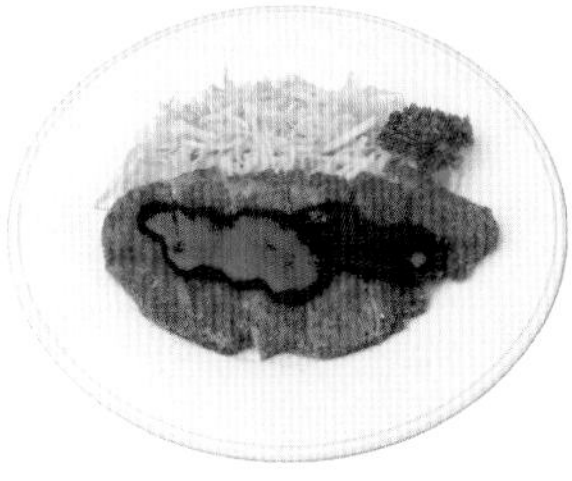

和美乃滋混搭，最適合海鮮類

味噌美乃滋沾醬

材料（易做的量）

味噌…3大匙
美乃滋…3大匙
砂糖…3大匙
米酒…2大匙
高湯…2大匙
醬油…少許

作法

所有材料攪拌混合均勻。

風味濃郁的名古屋美食

味噌豬排沾醬

材料（易做的量）

八丁味噌…6大匙
高湯…2大匙
砂糖…2大匙
米酒…2大匙

作法

所有材料攪拌混合均勻放入鍋中，以小火拌煮至沸騰即可。

蔥的爽脆口感最迷人

蔥味噌

材料（易做的量）

粗蔥末…1根份
紅味噌…適量

作法

把材料攪拌混合均勻，每次使用前現做，最美味！

各種味噌湯

以高湯燉煮食材，起鍋前加入味噌調味，是最基本的味噌湯作法。除此之外，有不加高湯的作法，也有先加味噌再燉煮或依食材不同，而有各種各樣的料理方式。

在味噌後加入山藥泥稍煮即可

山藥泥味噌湯

材料（4人份）

山藥…120克
豆腐…1盒
長蔥…1根
高湯…4杯
味噌…4大匙

作法

1 山藥去皮後磨成泥，豆腐切大丁，長蔥斜切成片。

2 把高湯放入鍋裡，加入步驟1的豆腐和長蔥。等食材加熱後溶入味噌。轉成小火以湯勺放入山藥泥煮約2~3分鐘。

海瓜子美味鮮甜不需高湯

海瓜子味噌湯

材料（4人份）

海瓜子…300克
蔥末…1/4根
味噌…3大匙

作法

1 讓海瓜子充分吐沙後洗淨，將蔥切成小段。

2 在鍋中加入三杯水，放入海瓜子後開火，等海瓜子開口後撈除浮沫。

3 溶入味噌後稍煮一下，盛到碗裡灑上蔥末即可享用。

食材豐富湯品的基本作法

豬肉味噌湯

材料（4人份）

豬五花肉片…200克
牛蒡…1/2根
馬鈴薯…1個
蒟蒻…1片
紅蘿蔔、白蘿蔔…各3公分
高湯…4.5杯
味噌…4大匙
沙拉油…1/2大匙
細青蔥末…適量

作法

1 將所有材料切成適合食用的大小。

2 將沙拉油倒入平底鍋中加熱炒豬肉片，倒入高湯和細青蔥、味噌之外的食材，煮到蔬菜變軟。

3 等蔬菜煮熟後，放入味噌稍煮溶化，再盛到碗裡灑上青蔥即可。

味噌湯食材搭配建議

味噌湯很容易一成不變，可試著按照季節、菜單或冰箱的食材作多種組合變化。在此介紹幾種搭配供參考。

鮭魚＋根莖類蔬菜

醃漬鮭魚和根莖類蔬菜的組合，建議在冬季食用，起鍋前加些酒粕更香。

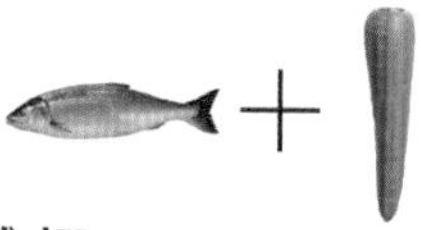

雞翅＋地瓜的豬肉味噌湯

把豬肉味噌湯中的豬肉和馬鈴薯，換成雞翅和地瓜一樣非常美味，加點味醂更增甘甜。

烤茄子＋青紫蘇

將烤過的茄子去皮和大量的青紫蘇、黃芥末放進碗裡，淋上以少許米酒和味噌調味的高湯即可。

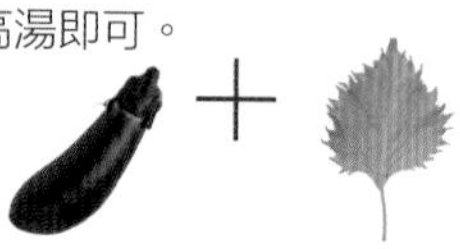

黃秋葵＋納豆

黏稠食材的組合，納豆只需稍煮，黃秋葵只要快速加熱一下即可。完成前建議撒上芝麻粉，風味更佳。

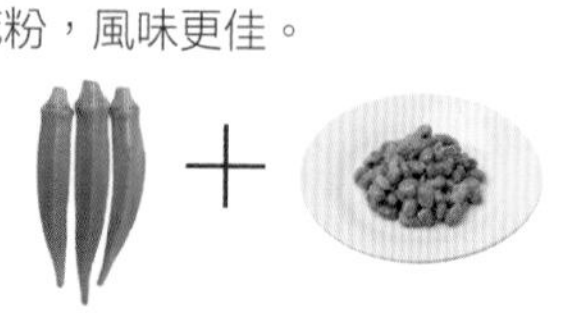

土手鍋的作法食譜

材料（4人份）
牡蠣…40個
鹽…適量
豆腐…2盒
材料中的味噌

作法
1 用鹽水清洗牡蠣，豆腐切成容易食用的大小。
2 將味噌塗在土鍋上，牡蠣和豆腐一起入鍋，以小火燉煮。

材料（牡蠣40個、豆腐2盒）
味噌
紅味噌…100克
白味噌…50克
砂糖…2大匙
煮過的米酒…1/2杯
蛋黃…1個份

作法
將所有材料攪拌混合均勻，塗在土鍋鍋底中間。

味噌搶鍋
食材豐富火鍋的簡單沾醬

材料（4人份）
高湯…4~6杯
味噌…6~8大匙
米酒…1/2杯

作法
鍋中倒入高湯煮沸，加進其餘調味料調味，再放入雞肉、油豆皮、白菜、紅蘿蔔等喜愛的食材燉煮。

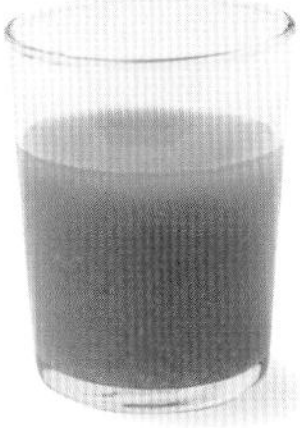

簡單版石狩鍋
牛奶和味噌是絕配

材料（生鮭魚3片、高麗菜1/2個、馬鈴薯3個、洋蔥1個份）
雞湯…3杯
牛奶…3杯
味噌…3大匙
粗粒黑胡椒…適量
奶油…適量

作法
把食材切成容易食用的大小，放入雞湯中煮滾後，再加入其他調味料加熱。

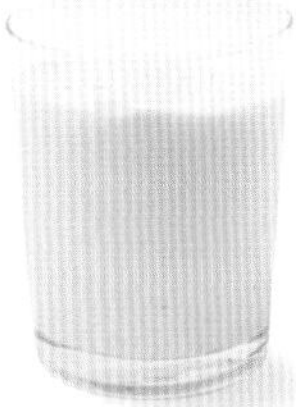

基本的醋味噌

甜醋味噌
稍甜的醋味噌和蔥最對味

材料（4人份）
味噌…5大匙
砂糖…5大匙
醋…2大匙

作法
所有材料攪拌混合均勻。

基本食譜

材料
珠蔥…1把
鮪魚瘦肉…150克
海帶（鹽漬）…40克
左述材料中的醋味噌

作法
1 鮪魚斜切成片。珠蔥汆燙後放涼，去除水氣和黏液切成4公分長。鹽漬海帶以水泡開，擰除水分後切成適當大小。
2 在容器中放入醋味噌，加入步驟1拌勻。

在寒冬吃熱騰騰的味噌暖和身心

基本的田樂醬

材料（易做的量）

味噌…300克
砂糖…100克
米酒…1杯
味醂…70毫升

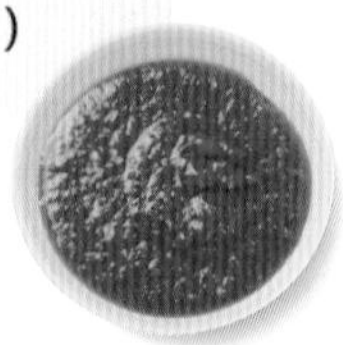

作法

把材料依序放入鍋中攪拌混合均勻後以中火加熱，一邊攪拌一邊注意不要燒焦，煮約10~15分鐘，直到變成原來味噌的黏稠度即可。

基本食譜

材料（4人份）

豆腐…2盒
喜愛的田樂味噌醬

作法

1 豆腐以重物壓出水分，直到厚度變成原來的2/3左右為止，再切成四等份。

2 以竹籤插入步驟1，塗上喜歡的田樂味噌醬後抹平。

3 把步驟2放進烤箱，烤至表面上色即可。

具優雅甜味的白田樂味噌

蛋黃味噌

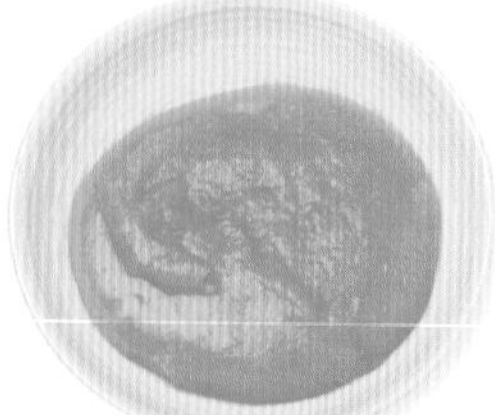

材料（易做的量）

白味噌…200克
蛋黃…1/2個
味醂…1大匙
米酒…1大匙

作法

將所有材料攪拌混合均勻後，以小火加熱至濃稠狀。

以蛋黃味噌為基底

蛋黃味噌因為加入青蔥、山椒葉、黃芥末等製成混合味噌後，依然能顯出原本食材的鮮豔原色，最適合當調和味噌的基底。柚子味噌在夏天時可用綠皮柚子，冬天時可用黃皮柚子製作。

甜度適中的清爽口感

蔥味噌

材料（易做的量）

蔥末…8大匙
味噌…6大匙
米酒…2大匙
柴魚片…4克

作法

將所有材料攪拌混合均勻後，以小火加熱至濃稠狀。

蛋黃味噌的變化版

柚子味噌

材料（易做的量）

蛋黃味噌（參考上述作法）…100克
柚子皮…適量

作法

在蛋黃味噌中加入磨下的柚子皮攪拌混合。

田樂味噌的多種變化

田樂味噌＋山椒

適合搭配煮過的蒟蒻，山椒刺激的辛辣感讓田樂醬十分清爽。

田樂味噌＋美乃滋

最適合酒蒸蝦子或貝類，口感溫和柔順。

田樂味噌＋蒜泥

和雞肉最對味，燒烤後香氣瀰漫，搭配水煮雞肉也很合適。

味醂・酒・砂糖

Mirin, Sake, Sugar

味醂、酒

兩者功能不同

味醂和酒的不同之處，在於味醂能使蛋白質變得緊實，可保持食材形狀的完整、不易碎裂，而酒的功能則是讓食材軟嫩可口。所以在滷豬肉時必須加酒燉煮，為了要增添滷肉的光澤最後再加少量的味醂。

食鹽含量

0克／100克

原料（本味醂）

糯米

米麴

燒酒

本味醂是糯米、燒酒和麴菌發酵、熟成後的產物。

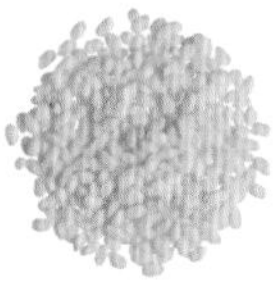

糯米

增加甜味的味醂

味醂的甜味大約是砂糖的1/3，風味淡雅。如果不想讓料理過於甜膩，不妨試試用味醂代替砂糖。

日式料理的甜味通常來自味醂

日式料理的調味通常偏甜，但這種甜味通常來自味醂而非砂糖。蔗糖是砂糖甜味的單一來源，而味醂含有葡萄糖等多種糖分，能帶給食物溫和醇厚的口感，形成豐富且有層次的甜味。雖然味醂的原料有糯米、米麴和口味偏甜的日本燒酒，但加熱後酒精成分揮發，不會殘留在料理中，讓人產生酒醉的不適。

酒也是重要的調味料

除了日本酒外，世界各地都有稱作酒的飲料，而這些酒也多被當作各國料理的調味料。由於酒的原料是米和米麴，因此與米食文化的日本料理非常相配，可以為料理增加溫和甘醇的風味。日本酒依據精米的程度和香氣等不同因素，分成許多種類，但並非使用昂貴的吟釀酒，料理就會更加美味。如果擔心酒精含量，可以將酒煮沸後再使用。想保留酒的香氣時，可以在加熱前先用酒浸泡食材，或者在關火前再淋上。

能喝的調味料？

關於味醂的起源有兩種說法。一種是傳說在戰國時期，中國的一種甜酒「密淋」（mirin）傳入日本。另一種說法是，

選擇方式、種類

酒和各種味醂的外表或名稱看起來很像，但其實原料和製造方式大有不同，味道也不一樣。讓我們一起來一探究竟吧！

本味醂

用米和燒酒製成的調味料，酒精濃度在16％左右。

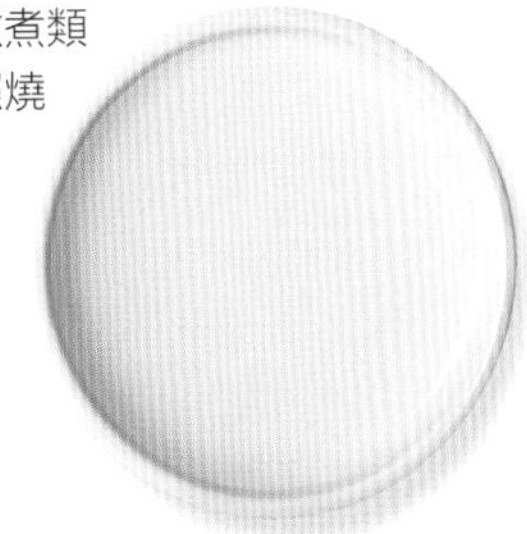

建議搭配料理
燉煮類
照燒

料理米酒

在原料和成分上經過調整，為料理專用的酒。有些料理酒中含有鹽分。

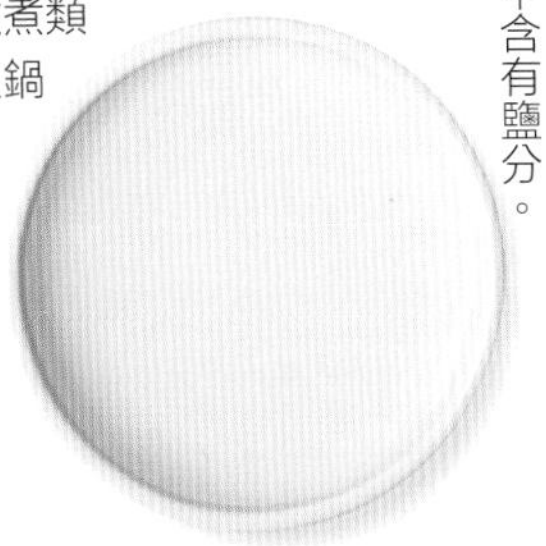

建議搭配料理
燉煮類
火鍋

味醂風調味料

是一種用醣類或是帶有甜味的調味料調和成類似味醂風味的調味品，酒精濃度在1％以下。

建議搭配料理
拌菜

酒（米酒）

味道單一，用在某些料理上味道或許會顯得單調。

建議搭配料理
燉煮類
清湯類

紅酒

能減少食材的腥味，增加料理的風味。肉類料理適合使用紅酒，魚類料理適合使用白酒。

建議搭配料理
煎煮類
燉煮類

日本自古以來即存在的甜酒、白酒或練酒（nerizake），為了防止食物腐壞而加入燒酒。無論是哪種說法，味醂原本是拿來喝的飲料，從江戶時代中期開始才拿來當成蕎麥麵沾醬或蒲燒醬料等調味料。

在中國，約西元前七千年左右的遺址中發現了釀造酒的成分，這是考古學中認為世界上最古老的酒。而從平安時代到江戶時代期間，日本也發展出各種不同的釀酒技術並傳承至今。

使用方式

在燉煮南瓜、照燒、蕎麥麵或烏龍麵高湯中使用味醂，不僅能增加甜味，還有許多其他的效果。酒能增添料理的風味，去除肉類和魚類的腥味，在奈良的漬物中也會用酒。

料理效果

共同效果
- 讓食材充分入味。
- 去腥。
- 帶出食材的鮮甜。

味醂
- 給予料理溫潤淡雅的滋味。
- 增加食材的光澤。
- 讓食材緊實，防止煮到碎裂。

酒
- 讓食材軟嫩。
- 延長食材保存期限。

保存方法

味醂和酒都要存放在陰涼處，開瓶後儘快使用完畢為佳。味醂風調味料開瓶後最好存放在冰箱中。

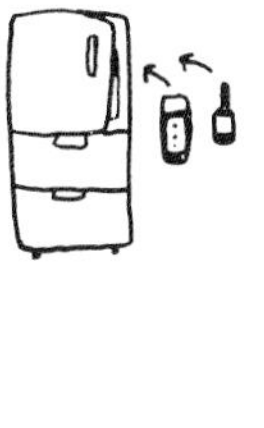

砂糖

關於甜度

砂糖的甜度來自於甘蔗中所含甜味成分的結晶，人體容易吸收，可立即轉化為能量，有消除疲勞的效果。

食鹽含量

0克／100克

原料

甘蔗

（上白糖）

日本人與砂糖

目前日本人一天的砂糖消費量約為50克。美國大約是87克，歐洲是100克。日本人比較不喜歡太甜的食物嗎？

甘蔗

全世界七成以上的砂糖原料都來自於甘蔗。

種類豐富

當我們感到疲憊、思考力和專注力下降時，常常會想要吃甜食。這是因為大腦所需的能量來源葡萄糖不足的關係。在這種情況下，嘴裡含一顆砂糖就能迅速補充能量，讓人恢復體力。

提供甜味的砂糖種類非常豐富，除了單純的甜味外，還可以和醬油、醋等其他調味料混合使用，調和出各種味道。在精緻的日式料理中，也會使用少量的砂糖來提味。

配合使用目的選擇適合的糖

簡單的說，砂糖是從甘蔗等原料中提煉出的蔗糖結晶。依據不同的製造方式，生產出來的糖種類也有所差異。掌握每種糖類的特點，聰明選擇使用適合的糖類，便可大幅提升料理或甜點的品質及口感。

例如，常見的白砂糖（上白糖）適合用於各種料理。沖繩料理中的滷五花肉可以用黑糖燉煮，讓味道更濃郁。三溫糖裡特有的焦糖風味適合用於味噌湯、燉煮類料理和使用醬油、糖慢燉的佃煮（tsukuda-ni）料理。顆粒較粗的二號粗砂糖要長時間才能溶解，所以適合在需要慢慢入味時使用。日本傳統甜點花林糖適合用黑糖、西洋甜點適合使用沒有特殊氣味的細砂糖或糖粉。只要能掌握不同糖類的用法，就能提升料理技巧，做出美味的料理。

歷史悠久的和菓子

據說在西元前三千年左右，印度製造的砂糖是全世界最古老的糖類。傳聞，這種糖在奈良時代傳入日本，剛開始被當作是一種珍貴的藥品。

隨著茶道的盛行，和菓子也隨之發展。有古籍記載中提到室町幕府的八代將軍曾經招待僧侶吃砂糖羊羹。之後葡萄牙、荷蘭的甜點如蜂蜜蛋糕和金平糖等也被引進日本，進入江戶時代後，日本才開始製造砂糖。

近年來，各廠商因市場需求開始研發和販售標榜零熱量或低卡路里的糖，為想控制體重的消費者提供另一種選擇。

上白糖

使用最普遍的砂糖，結晶顆粒小，沒有雜味。

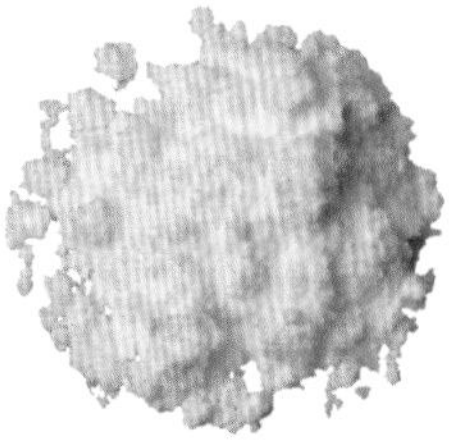

建議搭配料理
皆可

細砂糖

顆粒細，帶有淡雅的甜味，是歐美家庭中常使用的糖。

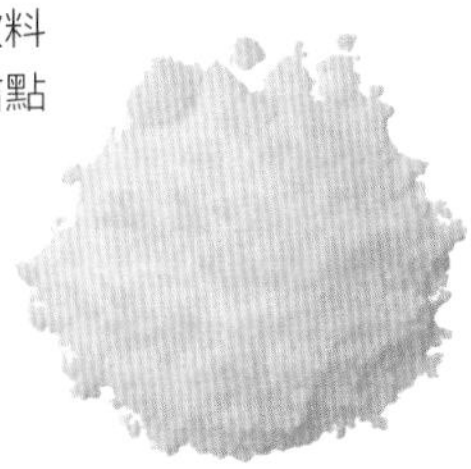

建議搭配料理
飲料
甜點

三溫糖

因製作時反覆加熱而帶有焦糖色，甜度較高。

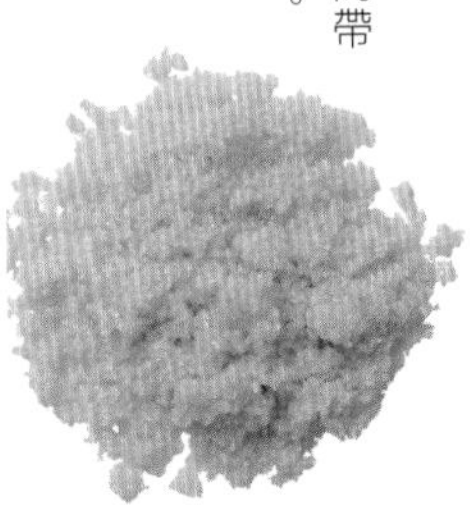

建議搭配料理
燉煮類
佃煮

選擇方式、種類

不同種類的糖可依甜度高低和外觀顏色來區分使用。想要達到濃醇口感的話可以用有顏色的砂糖，喜歡清爽口感者可以選擇白砂糖。

黑糖

甘蔗榨汁後未經過濾熬煮而成，含有豐富礦物質。

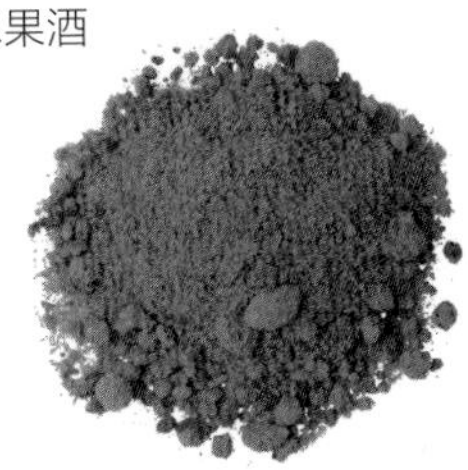

建議搭配料理
水果酒

粗砂糖

呈焦糖色且有光澤的砂糖，也有無色的粗粒白砂糖。

建議搭配料理
燉煮類
糖果

使用方式

將砂糖當作調味料使用，想讓料理增加甜度時，基本的使用順序是在所有其他調味料添加之前加入。因為砂糖粒子較大，滲透到食材中的速度較慢，需要在加鹽之前先放糖。

料理效果

- 保留食材中的水分，在肉類上加糖能防止肉質變硬。
- 能防止發霉或細菌繁殖，像果醬、羊羹等甜品。

- 促進發酵。
- 用砂糖熬煮水果會變成黏稠的膠狀，像果醬等。
- 糖水熬煮的時間長短不同，就能變化出許多不同的甜品，像糖水、焦糖，傳統工藝中使用的麥芽糖等。

保存方法

放入密封容器，存放在溫度和濕度都穩定的陰涼處。避免和味道重的食品放在一起。變硬的話，可以用噴霧器噴些水，放個一天後再使用。

西式甜點醬

卡士達醬

搭配水果馬上變身為自製甜點

材料（易做的量）

蛋黃…3個份
牛奶…180毫升
細砂糖…3大匙
蘭姆酒…1大匙

作法

在鍋中加入蛋黃和砂糖，攪拌均勻後加入牛奶混合。用小火加熱並一邊攪拌，煮至黏稠狀後從爐火上取下，把鍋底泡在水中攪拌直至冷卻。最後加入蘭姆酒拌勻即可。

鹽味奶油焦糖醬

懷舊的鹹甜好滋味

材料（易做的量）

鮮奶油…150克
細砂糖…90克
無鹽奶油…5克
鹽…1/2小匙
水…2大匙

作法

將細砂糖和水充分攪拌均勻溶解，倒入小鍋中加熱不要攪拌，煮到糖漿呈現焦黃色。加入鮮奶油、無鹽奶油和鹽，繼續煮至收乾呈現焦糖色即可。

焦糖醬

用常見的調味料就能做到

材料（易做的量）

細砂糖…70克
水…3大匙
熱水…2大匙

作法

充分攪拌溶解細砂糖和水，倒入小鍋中加熱不要攪拌，煮至呈現咖啡色黏稠的焦糖狀。關火後拿小鍋離開火源，再加入熱水稀釋，要注意加水時很容易濺出，請小心。

和風卡士達醬

口感溫和的和風醬料

材料（易做的量）

豆漿…3/4杯
蛋黃…1個份
細砂糖…1又2/3大匙
低筋麵粉…1大匙
黑糖蜜…1小匙

作法

把低筋麵粉和豆漿之外的材料倒進耐熱容器中攪拌。低筋麵粉過篩後，慢慢加入1/2杯的豆漿拌勻。不加保鮮膜，放進微波爐中加熱1分鐘後取出攪拌，再微波30秒。拿出後仔細攪拌均勻，倒入剩下的豆漿稀釋。

黑芝麻焦糖醬

用黑糖蜜做出的和風醬料

材料（易做的量）

黑糖蜜
- 黑糖…250克
- 上白糖…100克
- 水麥芽（水飴）…60克
- 醋…1大匙

黑芝麻粉…黑糖蜜的1/3份量

作法

混合所有黑糖蜜的材料加熱溶解，冷卻後再加入黑芝麻粉攪拌。

焦糖的製作技巧

加熱焦糖醬後在起泡變色前，請記得不要攪拌。攪拌的話會降低糖漿的溫度，導致在焦糖化之前只有水分蒸發而變硬。

焦糖布丁食譜

材料（直徑7公分的布丁模型6個）

全蛋液…4個份
牛奶…2又3/4杯
細砂糖…70克
香草精…少許
焦糖醬（參考上述作法）

作法

1. 將焦糖醬平均倒入布丁模具中。
2. 在小鍋中加入牛奶、細砂糖和香草精，小火加熱直到砂糖完全溶解。
3. 將全蛋液加入步驟2中拌勻，過濾後平均倒入步驟1的布丁模型中。
4. 在烤盤上鋪上紙巾，將步驟3放上排好，烤盤中加熱水直到模型高度的一半，放入烤箱以150度的火力蒸烤約20分鐘左右，取出放涼即可。

巧克力醬
趁熱沾上水果或棉花糖享用

材料（易做的量）
烘焙用巧克力…100克
牛奶…1/4杯
鮮奶油…1/4杯

作法
巧克力切碎，把牛奶和鮮奶油倒入鍋中混合後加熱，放進巧克力後轉小火攪拌使其溶化，需趁熱使用。

濃縮咖啡醬
趁熱淋上香草冰淇淋變成咖啡甜點阿法奇朵（Affogato）

材料（易做的量）
即溶咖啡…1大匙
熱水…1/4杯
蘭姆酒…少許

作法
將即溶咖啡做成義式濃縮咖啡的濃度，加上蘭姆酒即可。

糖水
最單純的糖漿

材料（易做的量）
細砂糖…2/3杯
水…1杯

作法
把細砂糖和水放在鍋裡加熱煮滾後，再繼續煮約2~3分鐘關火。

黑櫻桃醬
最適合搭配起士蛋糕

材料（易做的量）
黑櫻桃罐頭…1罐（400克）
砂糖…40克
櫻桃酒(Kirsch) …少許

作法
將罐頭裡的黑櫻桃果粒和果汁分開。在果汁裡添加砂糖後煮沸，放入櫻桃果粒稍煮一下後，加櫻桃酒即可。

柑橘醬
適合搭配可麗餅或優格冰沙

材料（易做的量）
臍橙（Navel Orange）…3顆
細砂糖…60克

作法
剝下1.5顆份的臍橙皮，將3顆份的臍橙榨成汁。把1.5顆份的臍橙果皮、果汁和細砂糖放入不鏽鋼製的鍋子裡加熱，煮滾後取出果皮關火即可。

紅酒醬
糖煮水果（compote）的絕配

材料（易做的量）
紅葡萄酒…1/2杯
砂糖…2大匙
三溫糖…20克
檸檬皮…2公分正方
肉桂棒…1/2根
蘭姆酒…1大匙

作法
在鍋中放入蘭姆酒以外的材料加熱，煮到稍顯濃稠狀後關火，再加入蘭姆酒攪拌均勻即可。

藍莓醬
每日早餐好搭檔

材料（易做的量）
藍莓…400克
細砂糖…130~150克

作法
把材料放入鍋中輕輕攪拌後，靜置約1小時。以中火煮沸，撈除浮沫後再以小火煮10~15分鐘後關火。

椰奶醬
用椰奶就可輕鬆完成

材料（易做的量）
椰奶…1/3杯
牛奶…2大匙
砂糖…1大匙

作法
把所有材料放入鍋中加熱，煮到稍顯濃稠後關火放涼即可。

日式甜點醬

醬油糯米糰子醬

材料（易做的量）
醬油…1大匙
砂糖…少於4.5大匙
水…4大匙
太白粉…1小匙

作法
除了太白粉以外的材料都放進小鍋裡加熱，煮滾後加一大匙水和太白粉勾芡即可。

基本食譜

材料（6串份）
蓬萊米粉（上新粉）…100克
糯米粉（白玉粉）…20克
水…140毫升
砂糖…1大匙＝9克
沙拉油…少許
醬油糯米糰子醬（請參考上述作法）

作法
1. 將粉類材料、水、砂糖放入耐熱容器中攪拌至平滑狀。
2. 在容器上鬆鬆的包上保鮮膜放進微波爐內加熱2分鐘後，充分攪拌均勻，再放回微波爐微波2分鐘。
3. 把步驟2的材料取出放在濕布上包好，稍加用力搓揉至表面光滑。
4. 將步驟3的麵團分成兩份，各搓成直徑2公分的圓條，再分成每個約2.5公分的小麵糰揉成圓球，總共做18個糯米糰。竹籤沾水後，把3個糯米糰串成一串。
5. 平底鍋裡倒入少許油，把步驟4的糯米糰串放入排好，兩面煎至上色，淋上醬油糯米糰子醬即可。

簡單版黑糖蜜

用簡單材料就能做的和風基礎醬料

材料（易做的量）
黑糖…100克
水…1/2杯

作法
將材料放入鍋中，以小火加熱煮至黏稠狀。餘溫會使糖漿變硬，請注意不要熬煮太久。

經典黑糖蜜

香濃高雅的甜味

材料（易做的量）
水…20毫升
黑糖…250克
砂糖…100克
水麥芽…60克
醋…15毫升

作法
將水、黑糖、砂糖煮沸後加入水麥芽，最後倒入醋後關火。

抹茶鮮奶油

搭配蜂蜜蛋糕或草莓

材料（易做的量）
鮮奶油…100毫升
砂糖…30克
抹茶…1大匙

作法
以攪拌器八分打發鮮奶油和砂糖，大致是拿起攪拌器時，鮮奶油可以拉出尖形，最後會垂下呈現彎鉤狀的程度，最後再加入熱抹茶茶湯拌勻。

抹茶糖水

可淋在小湯圓或冰淇淋上

材料（易做的量）
抹茶…4克
細砂糖…100克
水…1/2杯

作法
將抹茶和細砂糖放入鍋中攪拌混合均勻，倒入水後加熱，待細砂糖溶化後關火放涼即可。

抹茶是什麼？

抹茶和玉露一樣，是以覆蓋的遮光栽培法種出的茶葉所製成，具有恰到好處的澀味和清新的口感，再加上鮮嫩的翠綠，使抹茶成為大眾風靡的食材。

分次加入味噌

基本的煮花豆

材料（乾燥花豆200克份）

醬汁
- 水…剛好蓋過豆子的量
- 砂糖…200克
- 醬油…1又1/3大匙

基本食譜

材料（易做的量）

花豆（乾燥）…200克
上述材料製成的醬汁

作法

1 豆子在沖洗後，以大量的水煮沸去除腥澀味和雜質，並倒掉熱水。

2 在鍋中放入步驟1的豆子，倒入材料中所述剛好蓋過豆子的水量，燉煮約40分鐘。

3 待豆子煮軟後添加砂糖，再以小火燉約20分鐘左右，最後加入醬油稍煮一下即可。

保留食材原味的調味方式

京都風蔬菜煮

材料（水菜1把、油豆皮1片）

高湯…1杯
砂糖…2小匙
醬油…1/2小匙

作法

混合所有材料煮滾，加入切成絲的油豆皮和適當長度的水菜燙熟，放涼即可食用。

適合搭配土當歸或白蘿蔔等白色蔬菜

白金平

材料（白蘿蔔1/6根份）

調味料
- 砂糖…2小匙
- 鹽…1小匙

油
- 麻油…1.5大匙

依個人喜好…
- 一味辣椒粉

作法

麻油倒入平底鍋內加熱，放入食材炒軟後加調味料炒匀，最後可依個人喜好撒上一味辣椒粉。

去薄皮的蠶豆料理

豌豆翡翠煮

材料（蠶豆13顆份）

水…2杯
砂糖…2小匙
鹽…1小匙

作法

在鍋中放入材料中的水、砂糖、鹽後煮滾，加入去皮的蠶豆汆燙後放涼即可。

番茄會變得非常鮮甜

番茄味醂煮

材料（番茄5個份）

味醂…2.5杯
肉桂棒…1根

作法

鍋中倒入味醂加熱煮滾到剩2/3的份量，放入肉桂棒和去皮番茄煮滾即可。

蔬菜變甜點

用味醂煮番茄可以讓番茄變得非常鮮甜又順口，會是一種完全不亞於其他任何水果的高雅滋味，冰鎮後享用風味絕佳。

白酒燉雞肉

醬料香醇又多汁

材料（帶骨雞腿肉4支份）

基底
- 蔥…2根
- 奶油…2大匙

醬汁
- 雞湯塊…1/2個
- 水…1杯
- 白酒…1/3杯

調味料
- 鮮奶油…1/3杯
- 鹽、胡椒…各適量

白酒燉雞肉食譜

材料（4人份）

帶骨雞腿肉…4小支
鴻喜菇…1包
上述材料製成的基底、醬料、調味料
巴西利…適量
鹽、胡椒…各少許
麵粉、沙拉油…各2大匙

作法

1. 雞肉先以鹽和黑胡椒調味，沾上麵粉。將整株鴻喜菇撥散，基本材料的蔥切成5公分長。
2. 將沙拉油倒入平底鍋中加熱，放入雞肉把雞皮煎至金黃色後取出備用。
3. 在同一平底鍋中加入基底蔥煸炒，再把煎好的雞肉放回鍋中，倒入醬汁燉煮約10分鐘。接著加入鴻喜菇，再繼續燉煮10分鐘。
4. 最後加入調味料調味，盛盤後灑上一些巴西利點綴即可。

熱紅酒

適合煮蘋果或西洋梨

材料（蘋果1個份）

紅酒…1/2杯
水…1/2杯
砂糖…少於4.5大匙
依個人喜好…
- 肉桂粉

作法

將所有材料放進鍋中加熱，待砂糖完全溶解後，加入切成適當大小的蘋果和兩片檸檬片。關火後可依個人喜好撒上肉桂粉。

西式時雨煮豬肝

最適合當下酒小菜

材料（豬肝300克份）

米酒…1/4杯
紅酒…1/4杯
醬油…3大匙
砂糖…1.5大匙
薑絲…1瓣份

作法

將事先處理好、斜切成片的豬肝和所有調味料放入鍋中攪拌均勻，以較弱的中火加熱煮約15分鐘即可。

梅酒燉鯖魚

梅酒帶來的清爽滋味

材料（鯖魚1尾份）

梅酒中的梅子…4個
梅酒…1杯
水…1/2~3/4杯
薄口醬油…1.5大匙
醬油…1大匙

作法

將所有材料混合煮滾，加入鯖魚片燉煮約15分鐘。

梅酒燉豬肉

大量蒜味和肉類非常搭配

材料（豬五花肉500克份）

大蒜…2瓣
梅酒…1/2杯
水…1/2杯
醬油…5大匙
味醂…2大匙

作法

把味醂以外的材料跟事先汆燙過的豬肉一起煮到變軟後，繼續熬煮到醬汁剩下2/3的量，最後加入味醂一起燜煮。

梅酒煮的不同風味

梅酒的甜味能讓鯖魚的口感變得清爽，味醂能增加豬肉的甘甜，再加上醬油調味就能完成香氣十足的美味佳餚。

鯖魚

豬肉

酒粕湯

讓身體暖烘烘

材料（4人份）

湯汁
- 高湯…8杯
- 酒粕…160克
- 味噌…2大匙

作法

請參考基本食譜。

酒粕湯食譜

材料（4人份）

薄鹽醃漬鮭魚…4片
馬鈴薯…2個
紅蘿蔔…1/2根
白蘿蔔…4公分
蔥段…1根份
米酒…2大匙
上述材料製成的湯汁
七味辣椒…適量

作法

1. 將鮭魚切成三～四等份，灑一點米酒，把蔬菜切成容易食用的大小。
2. 將湯汁材料中的酒粕剝碎放入容器中，加入1杯熱高湯攪拌至溶化。
3. 在鍋中煮沸剩餘的高湯後，加入步驟1的鮭魚和蔬菜。加入步驟2中溶化的酒粕繼續煮沸，再加入湯汁材料中的味噌調味，煮滾後關火。
4. 盛在碗裡，撒上七味辣椒粉即可。

紅酒火鍋

加牛肉和西洋菜的西式涮涮鍋

材料（易作的量）

雞骨高湯…2杯
紅酒…2杯

作法

紅酒和雞骨高湯倒入鍋中加熱後，煮豆腐和香菇。涮牛肉和西洋菜，可依個人喜好沾黃芥末或柚子胡椒一起享用。

爽脆水菜鍋

水菜和油豆皮的清爽風火鍋

材料（水菜300克、油豆皮4片份）

高湯…5杯
醬油…2大匙
米酒…6大匙
鹽…少許

作法

高湯和調味料倒入鍋中加熱後，放入切成細絲的豆皮。將切成適當長度的水菜放入鍋中汆燙，與湯底一起享用。

爽脆水菜鍋

這種火鍋原本是鯨魚肉加水菜的組合，日文名中的爽脆（ハリハリ）一詞即是形容水菜的清脆口感。可以用豬肉或鴨肉來代替油豆皮，也非常美味。

什麼是常夜鍋？

常夜鍋是一種豬肉搭配菠菜的簡單火鍋，就像它的名字一樣，是種每晚吃也吃不膩的味道。不加水只用米酒作為湯底，也非常美味。

常夜鍋

極簡派火鍋

材料（豬肉400克、菠菜1把）

熱水…約鍋具的七分滿
米酒…3大匙

作法

在鍋中倒入熱水和米酒，再放入豬肉。菠菜放入汆燙後，沾橘醋醬享用。

甜度適中的懷舊點心

基本的拔絲地瓜

材料（地瓜1個份）

醬汁
- 蜂蜜…1大匙
- 醬油…1/2大匙
- 砂糖…2大匙
- 水…3大匙
- 黑芝麻…適量

作法

請參考基本食譜。

基本食譜

材料（4人份）

地瓜…1個
上述材料製成的醬汁
炸油…適量

作法

1 將地瓜切滾刀泡水後，擦乾水分。

2 用170度的熱油炸步驟1的地瓜。

3 將醬汁裡除了黑芝麻以外的材料全部放進鍋中加熱，待呈現黏稠狀後放入步驟2，最後均勻撒上黑芝麻即可。

五穀豐收的幸運象徵

基本的醬燒小魚

材料（小魚乾50克份）

砂糖…3大匙
醬油…2.5大匙

作法

將材料放入鍋中用小火慢煮，以木杓攪拌，待稍微呈現黏稠狀時關火。再把炒過的小魚乾（請參考下方炒製方式）放入拌勻即可。

小魚乾的兩種作法

材料（4人份）

鯷魚乾…50克份

◎用鍋子炒…
準備較厚的鍋子，用小火將鯷魚煎到頭和尾巴上色。依鯷魚的大小來調整炒製的時間，小尾的魚乾要早點取出。

◎用微波爐加熱…
把小魚乾平鋪在耐熱容器中，以微波爐加熱約2分鐘到脆硬為止。

檸檬的酸味使味道清爽

蜂蜜檸檬醬燒小魚

材料（小魚乾50克份）

醬油…2大匙
蜂蜜…3大匙
米酒…2大匙
檸檬汁…1小匙

作法

將所有材料放入鍋中，用中小火煮沸後再滾約1分鐘。再加入炒過的小魚乾（請參考右邊的炒製方式）拌勻即可。

用蜂蜜簡單作醬汁

以醬油和砂糖熬煮醬汁時，通常很難掌握醬料的黏稠程度。運用蜂蜜的甜味和黏稠性來製作就能簡單完成。

若狹燒

適合鰤魚或土魠

材料（鰤魚4片份）

高湯…6大匙
米酒…4大匙
薄口醬油…2大匙

作法

將所有材料攪拌混合均勻，魚抹鹽後醃漬在醬料中。

辣味醬油燒烤醬

適合青背魚的辣味醬汁

材料（鯖魚1尾份）

醬油…1/2杯
米酒…1/2杯
砂糖…3~4大匙
豆瓣醬…2小匙
蒜末…1瓣份
薑末…1瓣份
蔥段拍碎…1大根份
白芝麻…2大匙

作法

將所有材料攪拌混合均勻，魚醃漬在醬料中再燒烤。

蛋黃燒烤醬

搭配烏賊或蝦子的微甜醬汁

材料（烏賊2隻）

蛋黃…2個份
味醂…3大匙

作法

把蛋黃打散，慢慢加入味醂後充分攪拌均勻，將烏賊醃漬在醬料中再燒烤。

味醂煎醬

適合土魠、鱸魚等白肉魚

材料（土魠4片份）

味醂…4大匙
砂糖…1大匙
白酒…3大匙
白酒醋…3大匙
高湯塊…1/4個

作法

魚片煎熟後取出。在同一個平底鍋中放入調味料，煮到剩下2/3的量，再淋在香煎魚片上。

蜂蜜薑汁煎醬

搭配雞肉和豬肉，蜂蜜是靈魂

材料（雞腿肉2大片）

醃醬
- 鹽…1小匙
- 胡椒…適量
- 白蘭地…1大匙
- 蜂蜜…2大匙
- 薑汁…1大匙

醬汁
- 蜂蜜…1大匙

作法

把肉放進醃醬裡醃10分鐘，平底鍋熱鍋後倒入適量的沙拉油煎肉，等肉煎熟後淋上醬汁。

雉燒醬

適合雞肉燒烤，鰤魚和鯖魚也很對味

材料（雞腿肉2大片）

醃醬
- 醬油…1大匙
- 味醂…2大匙

淋醬
- 醬油…2大匙
- 本味醂…4大匙
- 米酒…1大匙

作法

把肉放在醃醬裡醃漬20分鐘，再以200度的溫度烤20分鐘。淋醬以小鍋煮到剩一半的量，淋在燒肉上。

醃漬蕪菁或白蘿蔔

味醂醬油醃漬醬

材料（蕪菁6個份）
醬油…2大匙
味醂…4大匙
鹽…適量

作法
在直切成八等份、半圓形的蕪菁上抹鹽，混合所有調味料後放入蕪菁醃漬約30分鐘。

適合夏季的酸甜滋味

香脆小黃瓜醃漬醬

材料（小黃瓜5根）
醬油…1/2杯
味醂…1/2杯
醋…1/2杯

作法
在鍋中放入所有調味料加熱煮沸，將切滾刀的小黃瓜放入煮滾後，連同鍋子一起放進冰水中冷卻。重複同樣的煮沸和冷卻程序四次，即可完成。

好喝又繽紛

水果調白酒

材料（易做的量）
白酒…750毫升
砂糖…30~50克
橘子利口酒…2~3大匙
蘭姆酒…1大匙

作法
在耐熱容器中倒入白酒400毫升和砂糖，鬆鬆的包上保鮮膜用微波爐加熱8分鐘，放涼後加入剩餘的調味料拌勻。

有清爽甜味和香氣的自製酒

水果酒

材料（梅子、杏桃等1克份）
冰糖…400克
透明蒸餾酒…6杯

作法
將冰糖、透明蒸餾酒和洗淨的水果一起放在容器中醃漬即可，3個月後即可飲用。

有嚼勁的砂糖點心

糖漬果皮

材料（易做的量）
柚子…3個
細砂糖…60克
完成時裝飾用細砂糖…適量
鹽…適量

作法
1 在柚子上灑鹽後用水搓洗並擦乾水分，直切成四等分，去掉柚子的芯和籽後榨成汁，皮切成適當大小。
2 在鍋中放入材料中的細砂糖和步驟1的果皮醃漬一小時以上，再倒入步驟1的果汁後加熱，煮到起泡後水分收乾為止。
3 把步驟2的果皮取出後平鋪在篩子上，放在陰涼場所乾燥2~3天。等完全陰乾後，撒上裝飾用細砂糖即可。

果雞尾酒

建議在水果雞尾酒中大量加入各種水果，除了像橘子、蘋果等爽口的水果外，加香蕉、水蜜桃等帶有甜味的水果，可以讓口感更豐富美味。

其他不同種類的糖

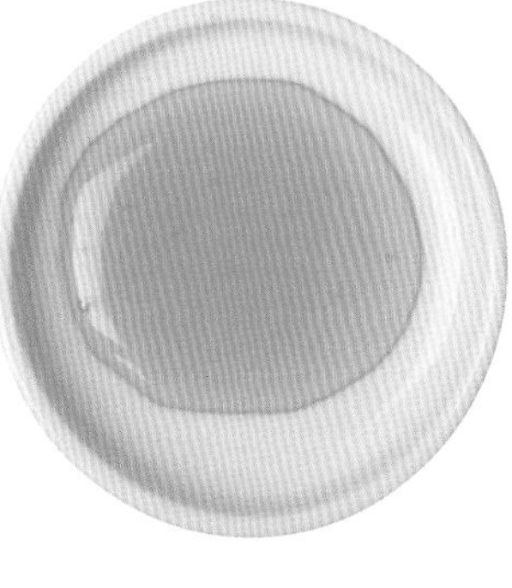

蜂蜜

花朵種類不同，味道和香氣也隨之而異

蜂蜜是蜜蜂從花朵中採集花蜜後，透過體內酵素分解而產生的物質。因為花朵種類繁多，像紫雲英（蓮華草）、金合歡、柑橘等不同植物的花所產出的蜂蜜滋味，就各有不同。可以先了解各種花朵的味道和香氣，找出自己喜愛的風味。

在料理中使用蜂蜜，可以增添香醇和風味，肉類料理會變得軟嫩多汁。另外，蜂蜜還可以減少魚腥味，具有殺菌、延長料理保存時間等多種優點，因此也適合拿來製作便當菜。

楓糖漿

獨特的風味

加拿大產的楓糖漿非常有名，是一種以糖楓樹汁濃縮後製成的西式糖漿，具有獨特的風味，可搭配鬆餅食用，也常拿來製作糕點。

將楓糖漿加入優格中，可以增加甜味和香氣，而且很適合搭配美乃滋，加入以美乃滋為基底的沙拉，可以降低酸味，讓味道更順口，也可以搭配生火腿作為前菜。

水麥芽

適合作甜點和料理

水麥芽的主要成分是麥芽糖，是一種黏稠的糖漿。比砂糖的甜度低，若是以相同份量的水麥芽代替砂糖，可能會覺得不夠甜，這時可以添加砂糖或蜂蜜來調整。

水麥芽的功能是保有水份，使用在烘焙麵包上，可讓口感更加鬆軟濕潤。也可以加在紅茶或咖啡裡，或用在燉煮或照燒料理中增加色澤。若是在做拔絲地瓜時使用水麥芽，會有一種懷舊的古早味。

麥芽糖是什麼？

麥芽糖是麥芽中的主要成分，也是啤酒的原料之一，是一種利用澱粉製作的人工甜味劑，英文為Maltose，是水麥芽的主要原料。

木糖醇是什麼？

木糖醇是從樹木或稻米等植物的細胞壁中提煉出來的一種人造甜味劑，因為不易造成蛀牙，常被拿來製作口香糖。又因木糖醇溶於水時會吸收熱能，所以會產生一股清涼的感覺。

果寡糖是什麼？

果寡糖是一種對腸道健康有益的健康食品，因為具有無法被胃和小腸吸收的特性，可直接抵達大腸，促進比菲德氏菌的增生。

蜂蜜食譜

散發堅果香氣

堅果蜂蜜

材料（易做的量）

喜愛的熟堅果…1杯
蜂蜜…1杯
葡萄乾…1/4杯
蘭姆酒…3大匙

作法

將葡萄乾浸漬於蘭姆酒中，把堅果和葡萄乾放進保存容器裡，倒入蜂蜜浸泡約一週。

微苦的日式蜂蜜

抹茶蜂蜜

材料（易做的量）

蜂蜜…100克
抹茶…20克

作法

將蜂蜜分成數次與抹茶充分攪拌均勻即可。

適合寒冷冬天

薑味白蘿蔔蜂蜜

材料（易做的量）

白蘿蔔
（1公分正方）…5公分
薑片…1瓣份
蜂蜜…約2杯

作法

在保存容器中混合所有材料。待白蘿蔔出水，可輕晃容器使其混合。等蜂蜜溶化之後，取出白蘿蔔，放進冰箱保存。

淋上冰淇淋或法國麵包

胡椒蜂蜜

材料（易做的量）

黑胡椒粒…6大匙
蜂蜜…3大匙

作法

將黑胡椒粒用廚房紙巾包好後壓碎，放入容器中加蜂蜜混合均勻。

搭配蘇打餅或香蕉

黃豆粉蜂蜜

材料（易做的量）

蜂蜜…100克
黃豆粉…30克

作法

將黃豆粉分成數次，與抹茶充分攪拌均勻即可。

各種食用方式

變化版蜂蜜的滋味豐富且多元，可以沾法式長棍麵包，或加在熱水裡飲用都非常美味。

淋在香草冰淇淋上，馬上變身成華麗甜點。

Oli

油

油

什麼是沙拉油？

是一種為了做沙拉醬和美乃滋的精製油脂，混合了大豆油或菜籽油兩種以上的油製成。

食鹽含量

0克／100克

原料（沙拉油）

大豆油
菜籽油

黃豆

大豆油是全世界生產量最高的油。

有益肌膚

維持皮膚健康的維生素A和C屬於脂溶性，和油脂一起攝取的吸收率比單獨食用時多5倍。

油的原料

也許各位平常用油時沒有特別注意，但油脂大致可分為動物性油和植物性油兩大類。動物性油脂的原料主要是乳脂肪、豬或牛的脂肪等，而植物性油脂的種類豐富，像大豆、芝麻、菜籽、玉米、紅花等，都可榨油。

植物性油脂是從植物種子或果肉榨取而成，從榨取的油中，需要進行精製過程以去除不適合食用的異味、苦味和澀味等，大多數的油脂都是經過這些過程提煉成人類食用的油品。

由於不同種類的植物中所含的不飽和脂肪酸也有所差異，因此需要多方篩選比較找出適合自己需求，對健康有益的油。

日本料理和油

日本料理原本以清淡、含油量較低的菜餚為主流，但從室町時代開始傳入了使用油脂的烹調方式，據説這就是天婦羅的起源。在江戶時代，中式料理開始在長崎廣為流行，天婦羅也成為一般庶民日常的飲食。

到了明治時代中期以後，像炸豬排、可樂餅和蛋包飯等西式料理開始普及。大正時期末期，隨著沙拉油的出現，使用油脂的料理也隨之大增。

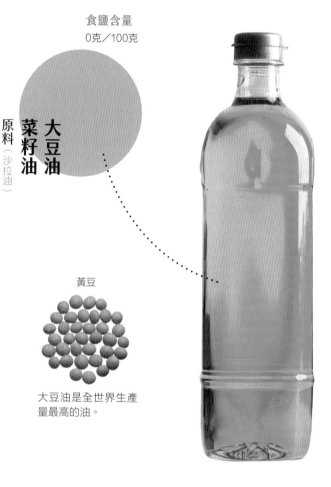

沙拉油

味道清爽無特殊氣味，適合所有料理。

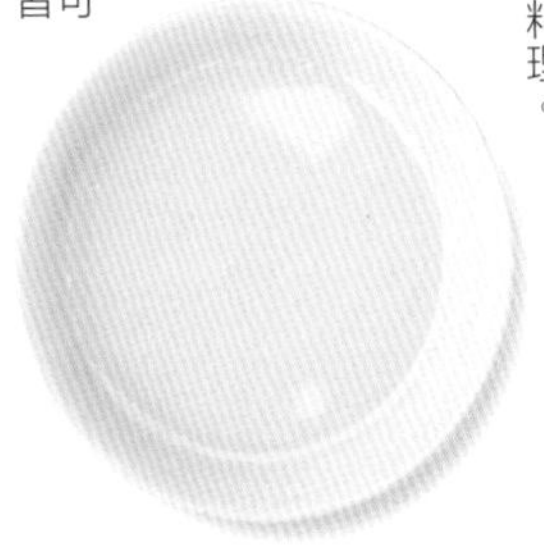

建議搭配料理
皆可

玉米油

耐加熱，適合當作炸油使用，有獨特的香醇風味。

建議搭配料理
沙拉
炸物

選擇方式、種類

根據健康方面的需求來挑選食用油的消費者比例漸增，建議選擇符合自己身體狀況和喜好且用得順手的油品。

葡萄籽油

日式、中式、西式料理皆可使用。因味道清爽也可淋在沙拉上，含有豐富的維生素E。

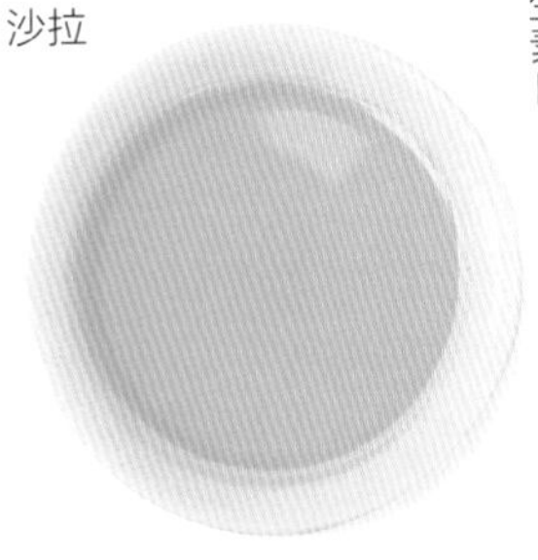

建議搭配料理
沙拉

紅花油

榨取自紅花籽的油，也是乳瑪琳和沙拉油的原料之一。

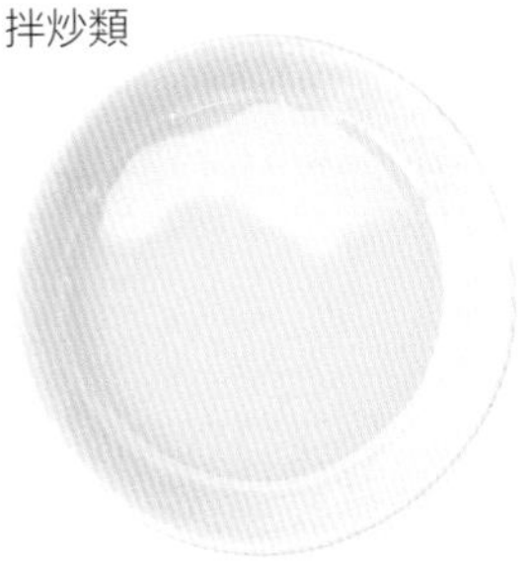

建議搭配料理
拌炒類

動物油

在室溫下會凝結成固體的「油脂」通常是動物油，像奶油或豬油等。

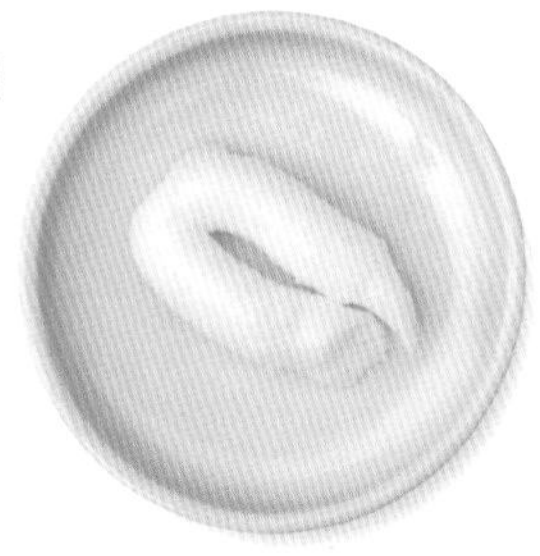

建議搭配料理
煎烤類

賣油的！

油脂原本主要用在照明的燈油上，而不是拿來食用，江戶時代甚至還有秤重販售燈油的小販。由於燈油油脂黏性較高，倒出來也需要一點時間，所以油販在等待油滴下來時常常要與顧客閒話家常，因此後來日語中也把這種在工作時間閒聊打混、打發時間的作法稱為「賣油」（油を売る）。

另外有一種說法指出「賣油」不是指燈火的油，而是指賣髮油的商人和女性顧客不停閒聊，才衍生出摸魚打混的意思。不管哪一種說法，現代日語中對在工作時間溜去咖啡廳喝茶聊天的摸魚行為，也會使用「賣油」這個詞語。

使用方式

油幾乎每天都會用到，除了油炸或拌炒之外，也可拿來做淋醬增加風味。可依照用途，選擇不同種類的油品。

料理效果

- 油可高溫加熱，縮短烹調時間，像炸物等。
- 增添風味和口感，像拌炒類料理。
- 能隔絕水氣，像三明治上塗抹奶油的功能即在於此。
- 讓食材不易沾黏，例如煮義大利麵時加點油或醃肉時。

保存方法

為了防止油品氧化，要蓋好瓶蓋保存在陰涼的地方，並儘早使用完畢。建議挑選不易氧化的油品或選購小瓶包裝的油。

酥脆的標準麵衣
基本的天婦羅麵衣

材料（4人份）

麵衣
- 麵粉…1杯多
- 蛋黃…1個份
- 冷水…1杯

基本食譜

材料（4人份）

材料可依個人喜好準備

蝦子…8隻
地瓜…1小個
舞菇…1/2包
青椒…2個
青紫蘇…4片
上述材料製成的麵衣
鹽、米酒…各少許
炸油…適量
天婦羅沾醬（作法請參考P.23）

作法

1 蝦子剝殼後去腸泥，切掉蝦尾的最尾端並擠出水分，再撒上鹽和米酒醃10分鐘。地瓜切成0.8公分厚，青椒切四等份，舞菇也分成四份；所有食材上的水氣要儘量擦乾。

2 在炸鍋裡倒油加熱。青紫蘇的背面裹上麵衣以160度油炸。蔬菜類裹上麵衣後以170度油炸，蝦子沾上麵衣後以180度油炸。

3 炸好後瀝油盛盤，沾天婦羅醬汁食用。

西式鬆軟麵衣
洋風麵衣

材料（4人份）

麵粉…3大匙
水…3大匙
太白粉…2大匙
鹽…1/3小匙
胡椒…少許
泡打粉…1/2小匙
沙拉油…1小匙

作法

將所有材料放入容器裡，以打蛋器攪拌混合均勻。

宴會料理上常見的顆粒麵衣
道明寺麵衣

材料（4人份）

蛋白…1個份
道明寺粉（粗糯米粉）…1/2杯

作法

把要油炸的食材沾上打散的蛋白，再撒上道明寺粉。

香脆可口的麵衣
花生麵衣

材料（4人份）

蛋白…1個份
花生…1/2杯

作法

把要油炸的食材沾上打散的蛋白，撒上壓碎的花生顆粒低溫油炸。

黑白芝麻都可用
芝麻麵衣

材料（易做的量）

蛋白…1個份
白芝麻或黑芝麻…1/2杯

作法

把要油炸的食材沾上打散的蛋白，再撒上芝麻。

做出自己喜歡的麵衣

把要油炸的食材沾上蛋白後，再撒上自己喜愛的麵衣。除了花生之外，也可以嘗試其他喜歡的堅果！壓碎洋芋片後製成的麵衣也很受孩子們歡迎。

風味油

迷迭香調和油

香氣豐富適合肉類料理

材料（易做的量）

迷迭香…1~2枝
百里香…1~2枝
大蒜…1/2瓣
橄欖油…適量

作法

香草類清洗過後，擦乾水份放入玻璃瓶罐中，再倒入橄欖油淹過瓶中香草。在陰涼處放4~5天後取出。

薄荷油

清爽溫和，適合白肉魚料理

材料（易做的量）

薄荷…2~3枝
橄欖油…適量

作法

薄荷清洗過後，擦乾水份放入玻璃瓶罐中，倒入橄欖油淹過瓶中香草。在陰涼處放2～3天後再取出薄荷。

薑末橄欖油

日常湯品的提味魔法

材料（易做的量）

薑末…50克
砂糖…1小匙
鹽…1/2小匙
米醋…2大匙
橄欖油…75毫升

作法

在平底鍋裡倒入橄欖油之外的材料，用大火煮乾。放涼後倒入玻璃瓶中，再倒進橄欖油浸泡。

辣油

辛辣的異國風味油

材料（易做的量）

橄欖油…150毫升
紅辣椒…1~3根
丁香…10粒

作法

把紅辣椒和丁香放入玻璃瓶中，倒入橄欖油淹過瓶中香草，在陰涼處放2~3天。

檸檬油

清新舒暢的香氣，適合蔬菜料理

材料（易做的量）

檸檬皮…1/2個份
乾燥柑橘皮…適量（照片中是橘子）
橄欖油…150毫升

作法

把檸檬皮和切成絲的乾燥橘皮放入玻璃瓶中，倒入橄欖油淹過瓶中香草，在陰涼處放2~3天。

購買乾燥香草後浸漬在油裡

為了料理而購買的香草常常會用不完。這時可以將剩餘的香草浸泡在油中，讓香氣轉移到油裡變成香味油。在炒菜、汆燙的料理中使用，便能增加香氣讓菜餚更加美味！

麻油、芝麻

食鹽含量
0克／100克

原料 **芝麻**（麻油）

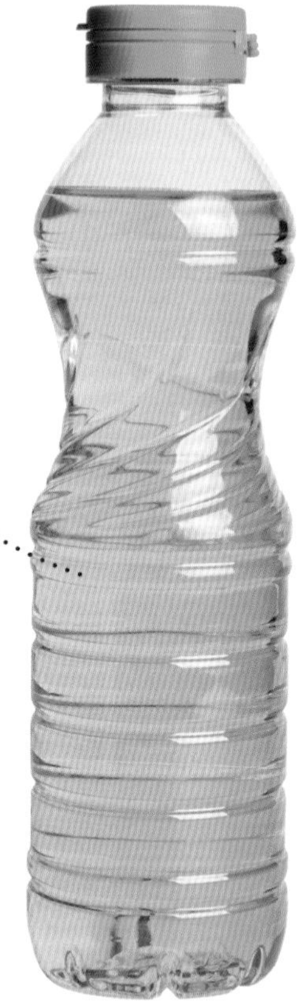

熟芝麻

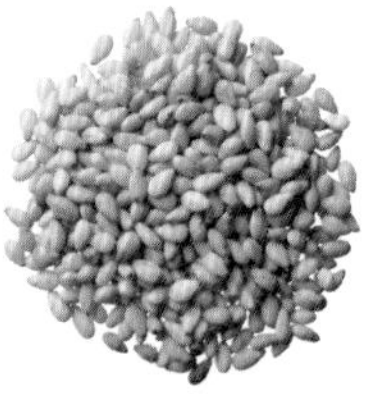

芝麻是富含抗氧化物質的食材。

關於天婦羅

專賣店的炸油會使用麻油的原因在於，迷人的香氣和抗氧化。

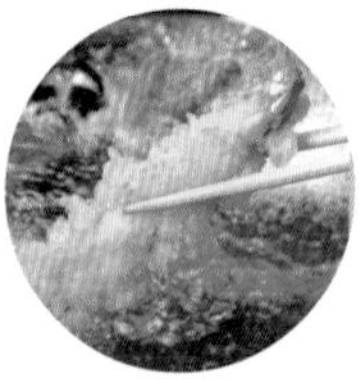

關於烘烤

一般的麻油是烘烤芝麻後再榨油。烘烤較久者，油品顏色較濃、香氣濃郁；烘烤時間短者風味較甘甜。

富含香氣的健康油品

麻油是以芝麻的種子榨出油脂，屬眾多植物油中的一種。日本人很熟悉麻油的味道，它具有獨特的甘甜和香氣，能為所有料理增添更豐富的層次。

此外，含有眾多抗氧化物質也是麻油的一大特色。還有能降低膽固醇，增強肝功能，提升免疫力和預防癌症等效果，是種健康的油品。因為抗氧化物質的作用，使麻油比其他植物油更不容易氧化，也是麻油的特點。

養顏美容的芝麻

自古以來，人們對芝麻保健和美容的功效都不陌生，現代社會裡芝麻強大的保健功能也相當受到大眾關注。

在保養美容方面，首先是美肌的效果。芝麻能增強肝功能，幫助肌膚保持水分、油脂，恢復彈性，且富有能抗老化的優質胺基酸、維他命E、抗氧化物質，還能提升脂肪代謝，減少體脂肪。而且黑芝麻還能消除便秘，預防手腳冰冷。

芝麻依加工方式的不同，有生芝麻、熟芝麻、芝麻粉、芝麻醬等各種產品，可以運用在每天的飲食中，體驗芝麻養顏美容的效果。

選擇方式、種類

雖一概稱為芝麻，但種類繁多，也有類似沙拉油使用方式的麻油，讀者可多方嘗試。

純麻油

一般的麻油。芝麻焙炒程度的不同，會影響味道和香氣。

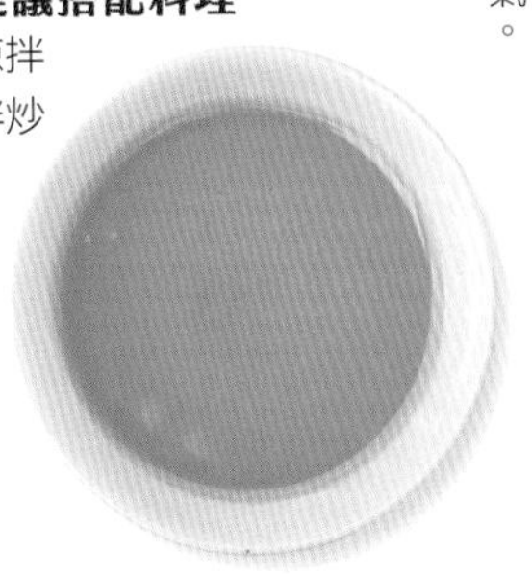

建議搭配料理
涼拌
拌炒

太白胡麻油

用未烘烤過的白芝麻搾成，滋味清爽的油品。

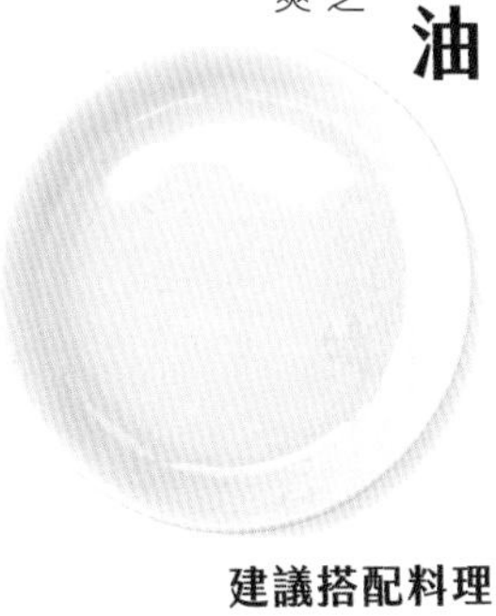

建議搭配料理
皆可

黑麻油

一般的芝麻油是以白芝麻榨成。以黑芝麻榨油者為黑麻油。

白芝麻

麻油的原料，油脂豐富，味道溫和。

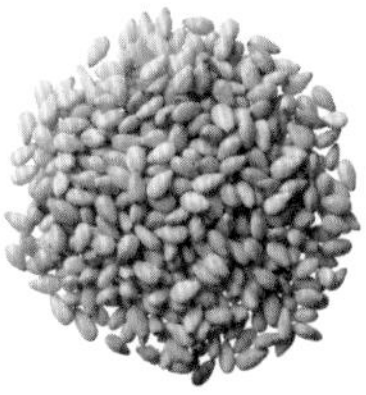

建議搭配料理
燉煮類
涼拌

黑芝麻

香氣強、油脂較少，是製作紅豆飯和牡丹餅不可缺少的材料。

建議搭配料理
紅豆飯
和菓子

芝麻粉

已磨成粉狀的加工品，可加在味噌湯中。

建議搭配料理
涼拌
沙拉

從前是僧侶的營養來源

飛鳥時代佛教傳入日本，據說對日本在食用芝麻的普及上產生很大影響。因為佛教的教義是禁止殺生吃肉，所以營養價值高的芝麻便成為普遍的代替品。

素食料理中以芝麻為食材做成涼拌料理或製成芝麻豆腐等，成為僧侶們攝取營養的主要來源之一。在同一時期因榨油的技術也傳至日本，人工榨出的麻油和芝麻成為只有朝廷、有權勢的大名、寺廟等貴族階級人士才能享用的珍貴物品。進入江戶時代後芝麻已能量產，從前平民百姓引頸期盼的珍貴食材傳入民間，正式確立了食用芝麻的飲食文化。

使用方式

麻油很適合搭配香料，除了可以在炒菜時使用，也可用涼拌增添香氣。在涼拌或燉煮類料理中使用，可讓口感更佳醇厚，增添風味。

料理效果

麻油

- 增添香氣和味道，涼拌完成前提味
- 不容易劣化，油炸時加入麻油可延長使用時間。
- 燙青菜時加少許麻油，可使菜色鮮豔。

芝麻

- 與醬油或味噌等其他調味料一起使用，可增添風味
- 讓味道更香醇，像芝麻醬、燉煮類料理

保存方法

麻油比其他植物油更抗氧化，只要瓶口確實轉緊存放在陰涼處，可保存約半年；芝麻則須確實密封保存。

經典涼拌菜

基本的芝麻拌菜

材料（菠菜2把份）

拌醬

- 白芝麻粉…4大匙
- 砂糖…1大匙
- 醬油…1/2大匙

Memo

儘量擰乾波菜的水份，用手拌勻醬料會更均勻入味。

基本食譜

材料（4人份）

菠菜…2把
上述材料製成的拌醬
鹽…少許

作法

1 菠菜清洗後以鹽水煮過。浸泡冷水中冷卻後，輕輕擰乾水分。

2 把菠菜切成3公分長，儘量擰去水分後拌入芝麻醬即可。

適合蒸雞肉和涼拌牛蒡

芝麻醋

材料（易做的量）

白芝麻…1/2杯
米醋…3/4杯
砂糖…2大匙
薄口醬油…2小匙

作法

將芝麻以外的材料放進鍋裡加熱，稍微煮滾後放涼。慢慢加稍微磨過的芝麻到研磨缽裡，放入剛才冷卻的材料一起研磨，保留芝麻顆粒的口感。

清爽醋味

香氣濃郁的芝麻和滋味清爽的醋非常搭配。味道清淡的茄子、白蘿蔔等蔬菜和醋一起涼拌，就是非常美味的一道小菜。

風味鮮明

清爽芝麻拌醬

材料（菠菜2把份）

白芝麻或黑芝麻…4大匙
醬油…2大匙

作法

把芝麻炒香，放進研磨缽裡磨成泥狀，再加入醬油磨勻。

鬆軟溫和的口感

白拌醬

材料（4人份）

木棉豆腐…1/2盒
白芝麻…2大匙
砂糖…2大匙
鹽…1/4小匙
薄口醬油…1/2小匙
高湯…適量

作法

豆腐汆燙過後放涼，擦掉水分。把芝麻放進研磨缽裡磨成泥狀，依照豆腐、砂糖、鹽、醬油的順序加入缽裡混合。如果太乾硬，可以加高湯稀釋。

加入美乃滋

味道溫和的和風白色拌菜，加入美乃滋後油脂會讓口感變得更滑順，酸味能讓口感變得更清爽、更受人歡迎。

韓國常見的涼拌小菜

基本的韓式拌菜

Memo

韓式拌菜會根據食材的特性改變調味料的配方。像石鍋拌飯等料理在最後加入拌菜混合攪拌後，口感與層次瞬間提升。

豆芽菜韓式拌菜

材料（豆芽菜1包份）

麻油…2小匙
白芝麻粉…1小匙
蒜末、鹽…各少許

菠菜韓式拌菜

材料（菠菜1把份）

麻油…1小匙
白芝麻粉…1小匙
蒜末、鹽…各少許

白蘿蔔韓式拌菜

材料（白蘿蔔200克份）

麻油…2小匙
白芝麻粉、砂糖…各1小匙
蒜末、鹽…各少許

紅蘿蔔韓式拌菜

材料（紅蘿蔔1/2根份）

麻油…1小匙
白芝麻粉…1小匙
蒜末、鹽、胡椒…各少許

紫萁韓式拌菜

材料（紫萁200克份）

麻油…2小匙
醬油…1大匙
白芝麻粉、韓式辣醬…各1小匙
砂糖、蒜末…各少許

酸味鮮明的清爽滋味

西式芝麻醬

材料（易做的量）

白芝麻醬…1/4杯
砂糖…1大匙
檸檬汁…1大匙
巴薩米克醋…4大匙
橄欖油…1大匙

作法

將芝麻和砂糖放入容器中攪拌混合均勻，再把其餘材料依順序加入攪拌。

也適合拿來拌炒

中式芝麻醬

材料（易做的量）

白芝麻醬…1/4杯
蒜末…1/2瓣份
薑末…1/2瓣份
蔥末…5公分份
紅辣椒末…1根份
砂糖…1大匙
醬油…1/4杯
醋…1大匙
麻油…1大匙

作法

將芝麻醬和砂糖放入容器中充分攪拌混合均勻，待糖溶化後，依序加入醬油、醋、麻油拌勻，再加入剩餘材料混合。

也可當成燒烤醬

芝麻醬除了可以當拌醬之外，也非常適合當成燒烤醬塗在烤雞肉上。在烤熟的雞肉上塗上沾醬，再炙燒一下，就能變成充滿芝麻香氣的中式燒烤。

道地中華料理

基本的棒棒雞

材料（雞腿肉2片份）

醬汁

砂糖…2.5大匙
醋…2大匙
薑末…2小匙
醬油…7大匙
辣油…2大匙
白芝麻…5大匙
芝麻油…1大匙

基本食譜

材料（4人份）

雞腿肉…2片
小黃瓜…1根
薑片…3片
米酒…4大匙
上述材料製成的醬汁
白芝麻…適量

作法

1 將雞腿肉的雞皮朝下，排列在耐熱容器中，鋪上薑片灑點米酒，包上保鮮膜微波6~7分鐘。放涼後，再撕成容易食用的大小。
2 小黃瓜斜切成薄片。
3 將步驟1和步驟2盛盤，淋上混合均勻的醬汁，最後撒上白芝麻即可。

芝麻燉菜

適合芋頭和白蘿蔔等清淡的蔬菜

材料（芋頭8個份）

湯汁
- 砂糖…1/2大匙
- 米酒…1/2大匙
- 味醂…1/2大匙
- 醬油…1大匙
- 高湯…1.5杯

完成前材料
- 白芝麻粉…2大匙

Memo

芝麻能讓微甜的料理更添香醇。

芝麻味噌燉魚

搭配土魠等風味清淡的魚類

材料（魚4片份）

水…1.5杯份
黑芝麻粉…6大匙
紅味噌…2大匙
味醂…2大匙
砂糖…1大匙
醬油…2小匙

作法

將所有材料放入鍋中加熱，放入魚片加蓋，倒入醬汁燉煮約10分鐘。

擔擔麵

香醇滿分的鮮辣肉醬

材料（4人份）

調味
- 豆瓣醬…2小匙
- 豆豉末…1大匙
- 醬油…3大匙
- 鹽…少許
- 白芝麻醬…4大匙

湯
- 雞骨高湯…7杯

作法

將蔥末、蒜末、薑炒香，倒入材料的調味醬和豬絞肉拌炒，再加進材料中的湯熬煮。放入煮好的中華麵即可享用。

黑芝麻燉肉

脂多的濃醇燉肉

材料（豬肉400克份）

醬汁
- 水…1.5杯
- 米酒…1/2杯
- 砂糖…1.5大匙

調味
- 黑芝麻粉…4大匙
- 醬油…2大匙

作法

在鍋中倒入醬汁的材料和用熱水燙過的豬肉，加水以大火煮30分鐘。加入調味的材料再燉30分鐘，放涼使其入味。

芝麻燉芋頭食譜

材料（4人份）

芋頭…8個
上述配方的醬料
完成前材料
鹽…少許

作法

1 芋頭去皮，用鹽搓去表面黏液。
2 在鍋中放入醬汁和芋頭，用中火煮沸後撈除浮沫，再加蓋用小火繼續燉煮。
3 待醬汁變少即拿起蓋子，讓水氣蒸發。最後撒上芝麻粉混合拌勻。

依食材特性選用黑芝麻或白芝麻

用黑芝麻燉煮油脂多的豬肉，風味更佳。清淡的蔬菜搭配油脂多的白芝麻則更顯香醇。

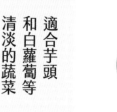

橄欖油

原料
橄欖
（特級初榨橄欖油）

食鹽含量
0克／100克

選擇方式、種類

日本市售的橄欖油依製造方法大致分為兩類，可依料理的性質區分使用。

特級初榨橄欖油

從橄欖果實直接榨出的新鮮油脂，十分香醇濃郁。

建議搭配料理
沙拉
義大利麵

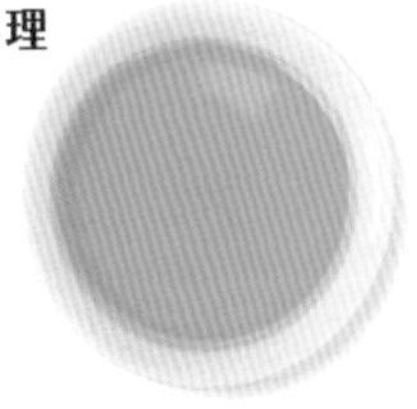

純橄欖油

特級初榨橄欖油和精製油調和而成的油品。

建議搭配料理
炸物
煎炒料理

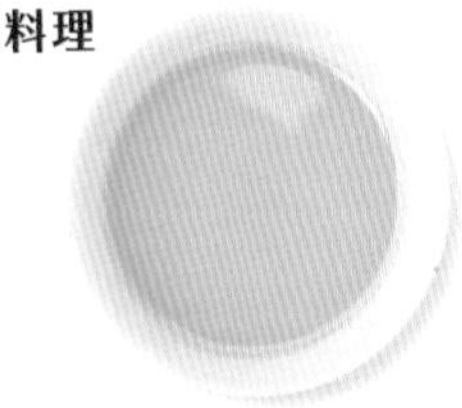

關於橄欖

新鮮果實帶有強烈的澀味，市售的醃漬橄欖則是經去澀加工發酵後製成。

醃漬橄欖

用鹽醃漬橄欖果實而成，有的使用未成熟的青色果實，也有的使用黑色的成熟果實。

精製橄欖油

以化學方式精製等級較低的初榨橄欖油，日本沒有販售。

油類的優等生

橄欖油是從橄欖果實直接榨取的油脂，是義大利料理中不可或缺的食材。其中含有70%的油酸（Oleic acid）具有降低低密度脂蛋白膽固醇的優秀功能，據說它還能夠抑制血糖上升、降低血壓，是一種對健康最有益的油脂。

使用橄欖油烹調可以為料理帶來豐富的果香和濃醇的口感。儘管有些橄欖油價格驚人，但現在市面上也有較便宜的進口商品可供選購。

找出自己喜愛的風味

據說橄欖油是人類最早使用的油類，有「黃金液體」之稱。不同產地和品種的橄欖，也會有不同的顏色和香氣。

特級初榨橄欖油可以不經加熱直接食用，還能當作沙拉醬，製作大受歡迎的義大利開胃小菜普切塔（Bruschetta，義式麵包小點），或是可取代奶油塗抹在麵包上。慢慢嘗試尋找出自己喜愛的特級初榨橄欖油，也是一種樂趣和享受。要將它與適合加熱的純橄欖油一起保存在避免陽光直射的陰涼處，並儘快使用完畢。

青醬（Genovese）

適合披薩、義大利麵或麻鈴薯

材料（易做的量）

大蒜…2瓣
松子…50克
鯷魚…5片
橄欖油…250毫升
巴西利…80克
辣椒粉…少許

作法

把大蒜、松子、鯷魚放入食物調理機中，打成泥狀。分次少量的加入橄欖油和巴西利打成綿密霜狀，最後倒入辣椒粉拌勻。

紅蘿蔔醬

帶出蔬菜的甘甜

材料（易做的量）

紅蘿蔔…1根
煮紅蘿蔔的水…適量
橄欖油…1大匙
天然鹽…1/2大匙

作法

將整根紅蘿蔔放入鍋中用小火煮沸，取出切滾刀後，連同橄欖油、天然鹽和少許紅蘿蔔水到食物處理機中攪拌成泥狀即可。

鹽麴橄欖油醬

配蔬菜和法國麵包

材料（易做的量）

橄欖油…500毫升
鹽麴…8大匙

作法

將橄欖油和鹽麴倒入食物處理機中攪拌數分鐘直到乳化為止。

橄欖油豬肝醬

最適合搭配葡萄酒

材料（易做的量）

豬肝（切小塊去血水）…100克
橄欖油…2大匙
蒜片…1瓣份
洋蔥片…1/4個份
橄欖…5個
蘑菇…3朵
紅酒…少許
鹽、胡椒…各少許

作法

將橄欖油倒入平底鍋中加熱蒜片，等香氣釋出後放入洋蔥片和豬肝拌炒。鹽、胡椒、紅酒、蘑菇和橄欖也一起放入輕輕炒勻後熄火。放涼後再倒入食物處理機中，打成泥狀即可。

酸豆橄欖醬

搭蔬菜、肉類或魚類，適合各種料理

材料（4人份）

鹽漬綠橄欖（去籽）…100克
大蒜（壓碎）…1瓣份
鯷魚…3片
醋漬酸豆…8粒
紅蔥頭末…1/2個份
橄欖油…1/2杯

作法

將所有材料放入食物處理機中攪拌成泥狀即可。

什麼是酸豆橄欖醬（Tapenade）？

是法國普羅旺斯當地的料理，多用來塗在麵包上，沾水煮蛋或拌馬鈴薯一起享用，有各式各樣的吃法，也可以用黑橄欖製作。

義式水煮魚（Acqua Pazza）
先煎得香酥後再蒸煮

材料（鯛魚1隻份）
基底
- 蒜末…2瓣份
- 橄欖油…2大匙

醬汁
- 小番茄…7~8顆
- 白酒…2/3杯

調味
- 鹽、胡椒…各適量

義式水煮魚食譜
材料（4人份）
鯛魚…1隻
A
- 吐完沙的海瓜子…200克
- 黑橄欖…8個
- 酸豆（ caper）…1大匙
- 迷迭香…1支

上述材料製成的基底
醬汁
調味
巴西利末…適量
鹽、胡椒…各少許

作法
1 事先處理過的鯛魚兩面劃刀，撒上鹽、胡椒。
2 用鍋子加熱基底材料，將鯛魚兩面煎至上色。加入A和醬汁後加蓋蒸煮到海瓜子開口。
3 加入調味料後熄火，起鍋前撒上巴西利。

橄欖油醋蒸蔬菜
搭配蔥或青花菜等蔬菜

材料（蔥2根份）
基底
- 茴香籽…1/2小匙
- 橄欖油…2大匙

調味
- 蘋果醋…3大匙
- 粗粒黑胡椒…少許

作法
把基底材料放入平底鍋中以中小火加熱，加入蔬菜均勻拌炒，使其平均沾附油脂。慢慢均勻的倒入蘋果醋後，加蓋蒸煮，最後撒上粗粒黑胡椒即可。

油封鮮魚
搭配含豐富油脂的鯖魚或鰤魚

材料（魚4片份）
巴西利…3根
百里香…1根
大蒜…1/2瓣
白胡椒粒…5粒
月桂葉…1片
橄欖油…1/2杯

作法
在魚片上抹鹽，擦乾水份，連同上述所有材料一起放入密封袋中。在鍋中加入剛好淹過密封袋的水量，將水煮滾後熄火，放入密封袋靜置10分鐘。

油封雞胗
用烤箱慢慢加熱

材料（雞胗500克份）
鹽…1大匙
胡椒…1/3小匙
百里香…3~4片
迷迭香…1支
橄欖油…1杯

作法
將雞胗和上述所有材料放入塑膠袋中靜置一晚，將袋子內的食材倒入可放進烤箱的大鍋子裡加熱，待雞胗周圍開始冒出小泡沫時，蓋上蓋子放入烤箱用110度的溫度煮2小時。

什麼是義式水煮魚？
是一種以橄欖油煎魚，再用水和酒把魚蒸熟的義大利料理。因沒有使用法式清湯和高湯，整隻魚連頭帶尾一起蒸煮，最為美味。

義大利麵醬

鯷魚奶油醬

迷人的濃醇味道

材料（4人份）

鯷魚末…4~5片份
鮮奶油…1杯
大蒜…1瓣
培根末…4片份
橄欖油…4大匙
胡椒…少許

作法

將大蒜拍碎，加熱橄欖油炒香大蒜、鯷魚和培根末。待鯷魚煮糊後，慢慢倒入鮮奶油加熱，再撒上胡椒即可。

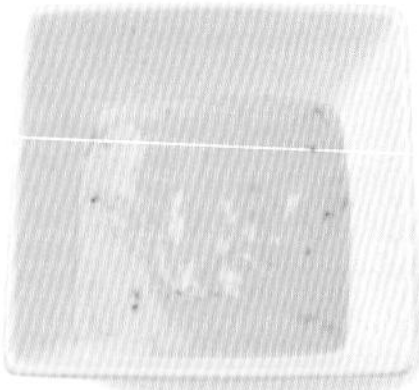

藍紋起司醬

濃郁起司風

材料（4人份）

藍紋起司…100克
大蒜…2小瓣
鮮奶油…1又1/3杯
奶油…2小匙
橄欖油…2小匙
粗粒黑胡椒…適量

作法

將起司和大蒜壓碎，將奶油、橄欖油和大蒜放入平底鍋內，以小火炒香。放入鮮奶油和起司攪拌，以小火加熱。取出大蒜、撒上黑胡椒即可。

鱈魚卵醬

大人小孩都喜愛的絕佳滋味

材料（4人份）

鱈魚卵…2付
檸檬汁…1/2個份
美乃滋…6大匙

作法

鱈魚卵去膜攪散，加檸檬汁和美乃滋拌勻即可。

青花菜醬

可搭配義大利麵、燉飯或燙青菜

材料（4人份）

青花菜…2個
鯷魚末…3片份
蒜末…1瓣份
紅辣椒…1根
帕馬森起司…1/4杯
橄欖油…5大匙

作法

將青花菜切成小朵後煮軟，煮過的水留下備用。將3大匙橄欖油倒入平底鍋內，放入蒜末、鯷魚、紅辣椒用小火炒香。加入青花菜後轉成中火，再倒1杯煮過青花菜的熱水拌炒。熄火後，放入剩餘的橄欖油和起司即可。

日式芝麻醬

芝麻和橄欖油香氣交融的絕妙組合

材料（4人份）

蒜末…4瓣份
紅辣椒（去籽）…2根
白芝麻粉…4大匙
鹽…適量
橄欖油…3大匙

作法

將橄欖油倒入平底鍋內，用中火加熱蒜末到冒出氣泡為止。再放入剩餘材料混合拌勻即可。

番茄冷醬

清爽的冷製番茄醬料

材料（4人份）

小番茄…8個
蒜末…1瓣份
特級初榨橄欖油…4大匙
新鮮羅勒葉…10片
鹽、胡椒…各少許

作法

將小番茄燙過去皮，切成1公分的小塊。在容器中依序加入蕃茄、大蒜、鹽、胡椒、橄欖油和撕碎的羅勒葉混合拌勻即可。

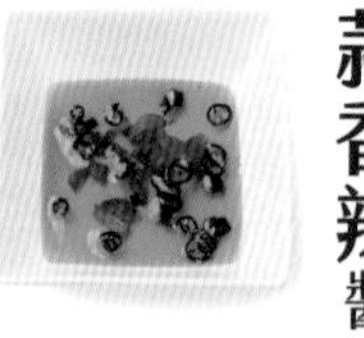

蒜香辣醬

輕鬆享受簡單香辣的滋味

材料（4人份）

紅辣椒末…4根份
蒜片…2瓣份
橄欖油…4~5大匙

作法

將橄欖油倒入平底鍋內，用小火慢慢加熱蒜末、辣椒末到稍微上色，待蒜片煎到香脆後熄火。

日式烏醋醬
Sauce

番茄醬
Ketchup

美乃滋
Mayonnaise

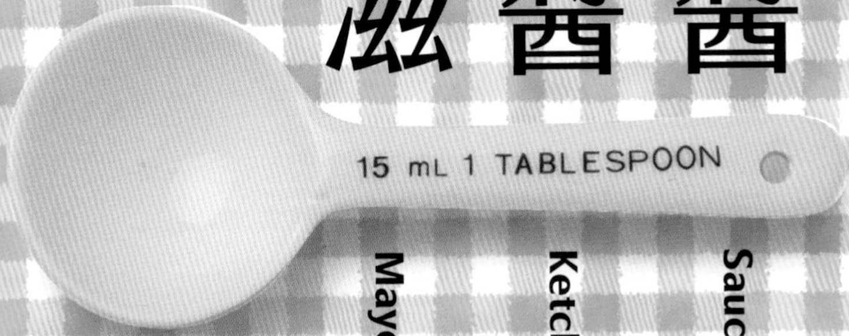

美乃滋

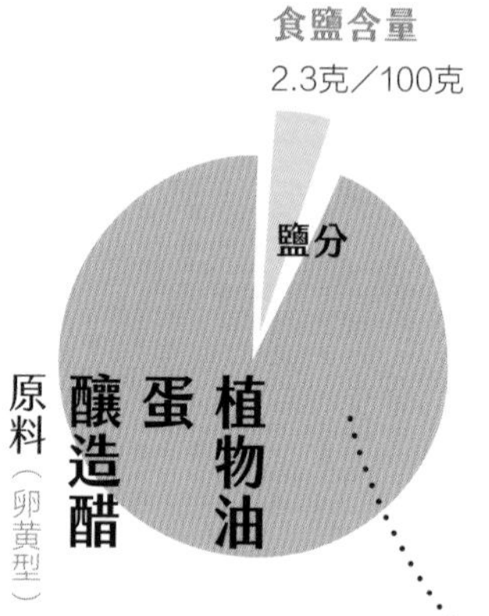

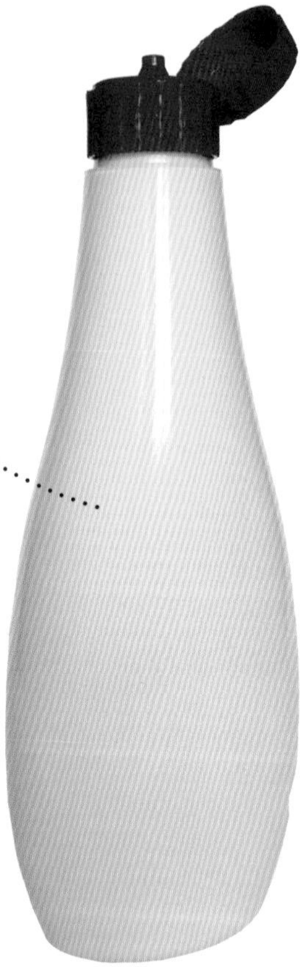

關於蛋

許多人以為蛋裡面含有很多膽固醇，事實上蛋裡也含有能抑制血液中膽固醇的成分，健康的人不需太過擔心。

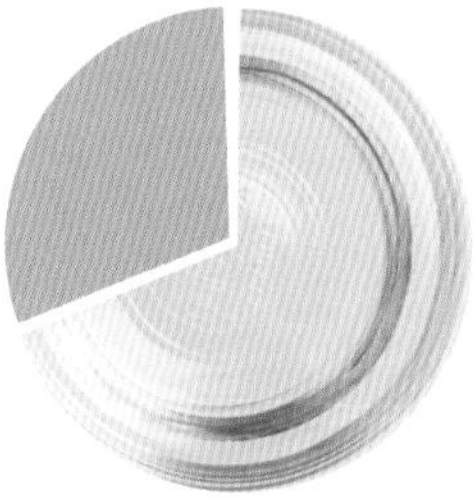

美乃滋因為乳化作用的關係，不會讓人感到太過油膩，但它幾乎都是植物油等脂質，食用時必須注意卡路里。

關於乳化

美乃滋是油和醋混合後的產物，它不像其他淋醬一樣會油水分離，是因為蛋黃裡的某種成分產生乳化作用的關係。

美乃滋粉絲出現！

美乃滋在日本剛上市販售時，人們還有些難以接受，但隨著飲食生活逐漸西化，美乃滋現在已經成為日本家庭餐桌上的必備調味料，甚至還出現了吃任何食物都喜歡沾美乃滋的瘋狂粉絲。

日本人簡稱美乃滋為Mayo（マヨ），在飯糰的餡料中很常見，也大受人們喜愛。例如鮪魚美乃滋、蝦仁美乃滋、鱈魚卵美乃滋等口味。

日本的美乃滋與原本的美式美乃滋不同，是為了適合日本人的口味和提高營養價值的改良版，即使在美乃滋的故鄉美國，也相當受到好評。

自己製作也是一種享受

美乃滋是使用植物油和醋，加入蛋黃攪拌進行乳化作用，再加鹽、調味料等混合調味而成。乳化作用是指，原本不會結合在一起的水和油或油和醋等液體，結合在一起。

雖然市面上販售各式各樣的美乃滋，但是在家中手工製作美乃滋的人也越來越多，他們注重食材的品質或追求獨特的味道，並樂在其中。此外，將美乃滋稍作變化就能做的塔塔醬和番茄美乃滋醬也很受歡迎。不過，手工自製的美乃滋無法保存太久，需注意保存方式並儘

使用方式

當成沙拉或炸物的沾醬，還可用來炒菜或放在鬆餅、漢堡肉排裡，利用範圍很廣。

料理效果

- 美乃滋有讓食材膨鬆軟嫩的效果，像是加在鬆餅或漢堡肉排裡。
- 美乃滋能使口感綿密，像是加入法式淋醬中。

- 可凸顯香醇口感，例如加在披薩吐司或焗烤上。

保存方法

要蓋緊瓶蓋保存在冰箱裡，美乃滋開瓶後油會開始氧化，最好在一個月以內使用完畢。需注意如果保存在0度以下，30度以上的環境，會產生油水分離的現象。

蛋黃美乃滋

在日本市占率高，比全蛋美乃滋香醇。

建議搭配料理
皆可

低卡美乃滋

熱量比原味美乃滋低，也是零膽固醇的美乃滋總稱。

建議搭配料理
減重時

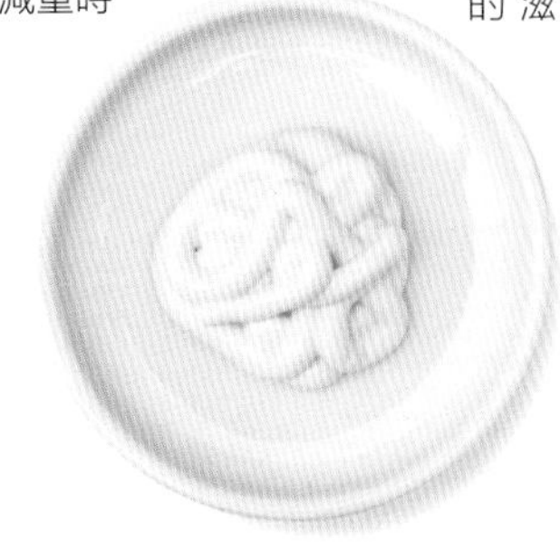

選擇方式、種類

現在，市面上有許多美乃滋也注重健康方面的需求。依據不同的食材和製作方式，有口感清爽的產品，也有濃郁香醇的多種口味可供選擇。

全蛋美乃滋

使用整顆雞蛋製作的美乃滋，口感溫和，容易與料理混合。

建議搭配料理
皆可

豆漿美乃滋

以豆漿代替雞蛋，加醋、芥末製成的美乃滋風調味料。

建議搭配料理
想要清爽口感時

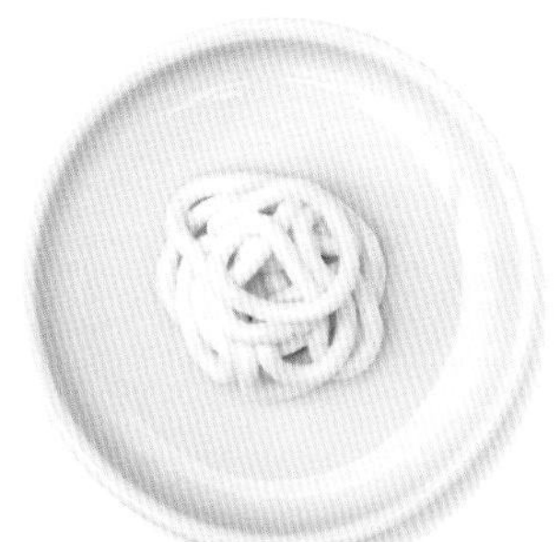

早食用為佳。

以前的人不吃生菜？

關於「美乃滋」（Mayonnaise）一詞的起源有許多說法，其中最具可信度的一種是指來自於西班牙梅諾卡島（Menorca）的港口城鎮馬翁（Mahon），當地曾製作一種名為Mahonesa的醬料。

美乃滋於一九二五年首次在日本開始販售。據說該公司的創辦人留學美國時，看到人們將美乃滋加在生菜上食用感到非常驚訝！雖然現在沙拉吧到處可見，但當時的日本並沒有食用生菜的習慣。美乃滋一開始是以玻璃瓶裝販售，進入昭和時期出現了塑膠軟管狀的包裝，而成為現在的主流。

增加蝦子的鮮甜

基本的美乃滋炒蝦

材料（蝦子400克份）

基底
- 蒜末…1瓣份
- 薑末…1塊份
- 沙拉油…2大匙

湯汁
- 雞骨高湯…4大匙

調味
- 美乃滋…4大匙
- 醬油…2小匙

Memo

如果是給孩子吃，可以試試美乃滋4大匙、番茄醬1大匙、煉乳1/2大匙的配方。

基本食譜

材料（4人份）

蝦子…400克
萵苣…1/2個
蔥末…1/2根份
上述材料製成的基底
　湯汁
　調味
鹽、胡椒…各少許
依個人喜好…
- 西洋菜葉…1根份

作法

1 蝦子剝殼，撒上鹽和胡椒。
2 將基底材料放入平底鍋中加熱，待香氣釋出後放進蝦仁拌炒，之後倒入湯汁煮到收乾，再放進蔥和調味料。
3 把萵苣切成適合食用的大小，在盤子上放西洋菜點綴，即可將步驟2盛盤。

搭配大量生高麗菜絲

美乃滋炒肉

材料（豬肝300克份）

美乃滋…5大匙
和風黃芥末…1大匙
醬油…1.5大匙
蒜末…1/2小匙
米酒…2大匙

作法

拌炒豬肉，灑上一點米酒。等酒精揮發後，加入剩餘的調味料即可。

適合搭配貝類或菇類

美乃滋牛奶炒扇貝

材料（扇貝150克份）

基底
- 薑片…2塊份
- 蔥片…10公分份
- 豆瓣醬…少許
- 沙拉油…1大匙

炒醬
- 美乃滋…4大匙
- 太白粉…1小匙
- 薄口醬油…2小匙
- 牛奶…1/2杯

作法

將基底材料放入平底鍋中加熱，倒入炒醬煮滾後，加進汆燙過的扇貝混合拌勻即可。

適合白蘿蔔或小黃瓜等味道清淡的蔬菜

美乃滋辣炒蔬菜

材料（白蘿蔔1/2根份）

基底
- 蒜末…1小匙
- 薑末…1小匙
- 沙拉油…1大匙

炒醬
- 美乃滋…2大匙
- 醬油…1大匙
- 豆瓣醬…2小匙
- 鹽…少許

作法

將基底材料放入平底鍋中加熱，炒切成長片的白蘿蔔，再加入炒醬調味即可。

炒菜也可加美乃滋

當冰箱裡只剩下白蘿蔔一種食材時，只要有美乃滋，也能做出一道美味的小菜！美乃滋炒過後味道會變得溫和、順口；再放豆瓣醬提高一點辛辣刺激的風味，一道可口的炒蘿蔔即可上桌！

味噌口味最下飯 美乃滋燒肉

材料（肉300克份）
烤醬
| 美乃滋…1大匙
| 味噌…1大匙
| 蔥末…12公分份

Memo
因美乃滋會增添濃郁口感，較適合搭配風味清淡的雞肉等食材。

美乃滋烤雞肉

材料（4人份）
雞胸肉…300克
披薩用起司…適量
米酒…1大匙
鹽…少許
上述材料製成的烤醬
依個人喜好…
| 四季豆

作法
1 雞肉去皮後斜切成片，淋上酒和些許鹽醃漬。
2 雞肉烤約5分鐘，翻面放上起司和調製完成的烤醬再繼續烤2分鐘。
3 盛盤後可依個人喜好擺上以鹽水燙過的四季豆裝飾即可。

適合鮭魚、鱈魚和牡蠣 美乃滋**烤魚**

材料（魚4片份）
美乃滋…6大匙
半熟水煮蛋的蛋黃…1個份
起司粉…2大匙
醬油…少許

作法
將所有材料攪拌混合均勻。以平底鍋煎魚約5分鐘左右，均勻倒入調好的醬料煎至入味即可。

用蘑菇做出法式焗田螺風料理 美乃滋**烤菇**

材料（蘑菇20朵份）
美乃滋…1/3杯多
麵包粉…1/2杯
巴西利末…2大匙
蒜末…2小匙

作法
將上述所有材料攪拌混合均勻，填入去除蒂頭的蘑菇裡。排放在焗烤盤上，以180度的溫度烤約15分鐘左右。

適合搭配牛排 美乃滋**烤馬鈴薯**

材料（馬鈴薯3個份）
美乃滋…1/2杯
蒜末…1瓣份
伍斯特醬…1/2小匙
喜愛的香草末…1/4杯

作法
將所有材料攪拌混合均勻，淋上水煮過的馬鈴薯，再放進烤箱烤至上色。

也可用竹籤作成田樂風串燒 美乃滋**烤豆腐**

材料（豆腐一盒份）
蒜末…1小匙
醬油…2小匙
美乃滋…5大匙

作法
把所有材料攪拌混合均勻，塗抹在壓除水分、橫剖成一半厚度的豆腐上，放進小烤箱烤3分鐘即可。

美乃滋蛋糕

沒有雞蛋和奶油時，只用美乃滋也可以做蛋糕！將三大匙美乃滋和一百克的砂糖在容器中混合攪拌均勻，倒入一杯牛奶使其溶化，再加兩百克的麵粉和一小匙泡打粉拌勻。將調好的麵糊倒入模型中以180度烤40分鐘，香噴噴的美味磅蛋糕就出爐囉！

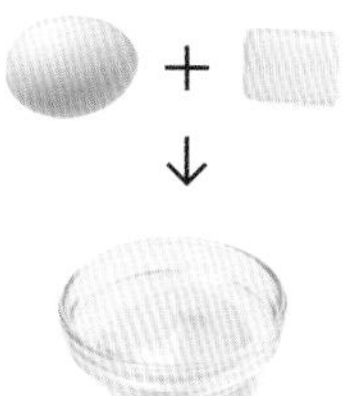

美乃滋沾醬

沾白蘿蔔沙拉或蘆筍 鱈魚卵美乃滋

材料（易做的量）
美乃滋…4大匙
鱈魚卵…1小付
檸檬汁…1/2大匙

作法
將鱈魚卵和美乃滋混合拌勻，淋上檸檬汁後充分攪拌即可。

美乃滋風健康醬料 豆漿美乃滋

材料（易做的量）
豆漿
（無成分調整）…1/2大匙
醋…2大匙
鹽…1/6小匙
胡椒…少許

作法
在容器中倒入豆漿，加進醋攪拌均勻，待稍顯黏稠狀時放入鹽、胡椒調味即可。

適合拌青菜或青花菜 和風芝麻美乃滋

材料（易做的量）
美乃滋…1.5大匙
醬油…2小匙
白芝麻粉…1/2大匙
砂糖…1小匙

作法
將所有材料攪拌混合均勻即可。

搭配大量生萵苣享用 鹽昆布美乃滋

材料（易做的量）
鹽昆布…20克
美乃滋…4大匙

作法
將鹽昆布切成小塊，和美乃滋拌勻即可。

為手卷壽司增添變化 山葵美乃滋

材料（易做的量）
美乃滋…4大匙
山葵泥…2小匙
醬油…1小匙

作法
將所有材料攪拌混合均勻即可。

搭配海鮮沙拉 柑橘美乃滋

材料（易做的量）
柑橘果汁…1杯
檸檬汁…2大匙
沙拉油…6大匙
美乃滋…1大匙
鹽…少許
胡椒…少許

作法
將柑橘果汁煮滾後放涼，加入檸檬汁、沙拉油、鹽和胡椒攪拌混合均勻，最後放入美乃滋拌勻即可。

適合搭配蔬菜燒烤 蘋果優格美乃滋

材料（易做的量）
原味優格…120克
美乃滋…60克
蘋果…1/2個
鹽…少許
胡椒…少許

作法
蘋果洗淨後，連皮切成1公分的塊狀，放入容器中和所有材料拌勻即可。

竹筍等野菜的最佳搭配
鰹魚醬油美乃滋

材料（易做的量）

美乃滋…2大匙
醬油…1/2大匙
柴魚片…6克
鹽…少許

作法

將所有材料攪拌混合均匀即可。

適合搭配火腿三明治
和風芥末美乃滋

材料（易做的量）

美乃滋…4大匙
和風芥末…1/2小匙

作法

將所有材料攪拌混合均匀即可。

香醇順口的滋味
起司美乃滋

材料（易做的量）

美乃滋……1大匙
鮮奶油乳酪…50克

作法

將鮮奶油乳酪置於室溫下待其變軟，再與美乃滋混合。

淋在涼拌豆腐上
芝麻味噌美乃滋

材料（易做的量）

美乃滋…5大匙
白芝麻粉…4大匙
調和味噌…1大匙
砂糖…1小匙

作法

將所有材料攪拌混合均匀即可。

鮮辣好滋味
熱美乃滋

材料（易做的量）

鴻喜菇…1/2包
美乃滋…5大匙
豆瓣醬…1大匙多
米酒…1大匙多

作法

去除鴻喜菇的底部，切碎成小塊再放入平底鍋裡，加美乃滋、豆瓣醬和酒一起加熱拌炒。

拌匀即可的簡單沾醬
義式溫沙拉風美乃滋

材料（易做的量）

美乃滋…5大匙
鯷魚末…2片份
蒜末…少許

作法

將所有材料攪拌混合均匀即可。

清爽健康系沾醬
小黃瓜美乃滋

材料（易做的量）

美乃滋…4大匙
小黃瓜…1根

作法

將小黃瓜磨成泥，去除水分後和美乃滋充分拌匀即可。

烤雞的最佳搭配
柚子胡椒檸檬美乃滋

材料（易做的量）

美乃滋…2大匙
柚子胡椒…1小匙
檸檬汁…1小匙

作法

將所有材料攪拌混合均匀即可。

海鮮炸物必備
塔塔醬

材料（易做的量）
洋蔥末…1/6個份
水煮蛋切碎…1個份
小黃瓜末…1/2根份
酸豆末…1小匙
美乃滋…4大匙
芥末粒…1小匙
鹽…1小撮
砂糖…1小撮
胡椒…適量

作法
將所有材料攪拌混合均勻即可。

適合搭配市售漬物
和風塔塔醬

材料（易做的量）
美乃滋…4大匙
水煮蛋切碎…1/2個份
醋漬甜蕫末…1大匙
珠蔥末…2根份

作法
把醋漬甜蕫的水分瀝乾，再和所有材料攪拌混合均勻即可。

辛辣感是提味小幫手
黃芥末美乃滋

材料（易做的量）
美乃滋…2大匙
黃芥末…1小匙

作法
充分攪拌混合均勻即可。

適合當肉類炸物沾醬
山葵青醬美乃滋

材料（易做的量）
美乃滋…1/3杯
西洋菜…1/3把
山葵泥…2小匙
米酒…1小匙

作法
摘下西洋菜的嫩葉切碎，與其餘材料充分攪拌混合均勻即可。

建議搭配和風三明治
梅子美乃滋

材料（易做的量）
美乃滋…1/2杯
梅子果肉…2大匙

作法
準備2大匙分量的醃漬梅子，去籽後以菜刀切成碎末壓成泥，再加入美乃滋攪拌混合均勻。

依個人喜好調整咖哩粉的量
咖哩美乃滋

材料（易做的量）
美乃滋…1/2杯
咖哩粉…1小匙~1又1/3小匙
洋蔥泥…1大匙

作法
將所有材料攪拌混合均勻即可。

雞肉也可以沾塔塔醬

塔塔醬不只能搭配炸蝦，沾了南蠻醋再配上塔塔醬的南蠻炸雞，現在已成為普及全日本的宮崎縣當地美食。

黃金比例的美味食譜

基本的馬鈴薯沙拉

材料（大顆馬鈴薯3個份）

紅蘿蔔…1/2根
小黃瓜…1根
洋蔥…1/2個
火腿…4片
美乃滋…3大匙
鹽…少許
胡椒…少許

基本食譜

材料（4人份）

馬鈴薯…3大顆
鹽…少許
上述材料中的食材

作法

1 將馬鈴薯切成六塊泡水，紅蘿蔔切成四等份。
2 將步驟1的食材放入鹽水中煮軟瀝乾，擦乾馬鈴薯的水分。
3 把馬鈴薯放入容器中，趁熱壓碎後灑鹽拌勻。
4 紅蘿蔔放涼後切成0.1公分厚的小丁。小黃瓜切薄片後，泡入濃度較高的鹽水中搓揉後，擰乾水分。洋蔥切小丁後泡水、火腿則切成1公分小丁。
5 將步驟4處理過的食材放入步驟3的容器裡，用美乃滋、鹽、胡椒調味，再混合攪拌均勻即可。

大人的口味

奶油起司黃芥末馬鈴薯沙拉

材料

奶油起司…30克
黃芥末…2大匙
鹽…少許

作法

請參考基本食譜將馬鈴薯煮熟，再和所有材料混合攪拌均勻。

提味的山葵

和風芝麻馬鈴薯沙拉

材料

黑芝麻…3大匙
青蔥末…3大匙
美乃滋…1/2大匙
山葵泥…1大匙
鹽…少許

作法

請參考基本食譜將馬鈴薯煮熟，再和所有材料混合攪拌均勻。

以鯷魚的鹹味調味

鯷魚檸檬馬鈴薯沙拉

材料

鯷魚…3片
美乃滋…1大匙
粗粒黑胡椒…1大匙
檸檬汁…3大匙

作法

請參考基本食譜將馬鈴薯煮熟、鯷魚切碎，再和所有材料混合攪拌均勻。

豐富濃郁的美味

酪梨馬鈴薯沙拉

材料

酪梨…1個
檸檬汁…2大匙
美乃滋…1大匙
鹽…少許

作法

請參考基本食譜將馬鈴薯煮熟、酪梨切成1公分的小丁，再和所有材料混合攪拌均勻。

其他…

- **鹽漬鮭魚**馬鈴薯沙拉
- **玉米牛肉**馬鈴薯沙拉
- **炸洋蔥**馬鈴薯沙拉

富含油脂和鹹味的食材都適合搭配馬鈴薯沙拉，試著找出自己喜愛的味道吧！

番茄醬

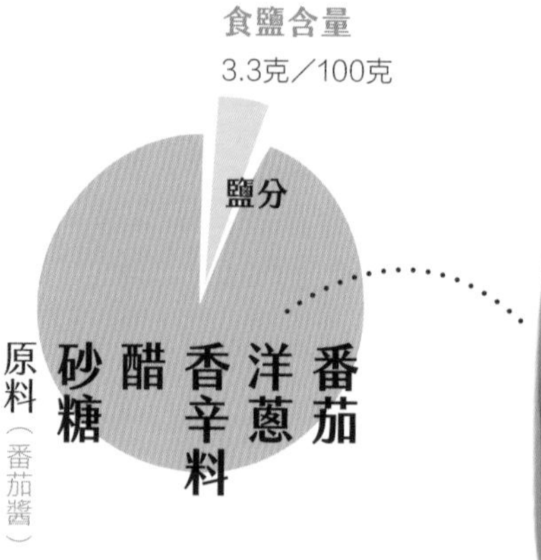

關於番茄

番茄

因為番茄中富含水分，是一種難以保存和運送的蔬果。不過也因為番茄鮮甜的美味廣受大眾歡迎，而研發出各種相關的加工食品。

使用方式

最常見的使用方式是搭配蛋類料理或與炸薯條一同食用，搭配其他和風拌炒小菜和烤魚等料理也非常美味。

番茄罐頭

將番茄汆燙去皮後浸漬在番茄汁中的一種食材，多為進口商品。

選擇方式、種類

已調味的番茄醬可當成調味料使用，無調味的番茄泥則可運用在各種料理中，使用範圍相當廣泛。

番茄醬

味道酸甜濃郁的調味料，建議搭配燉煮類或拌炒類料理使用。

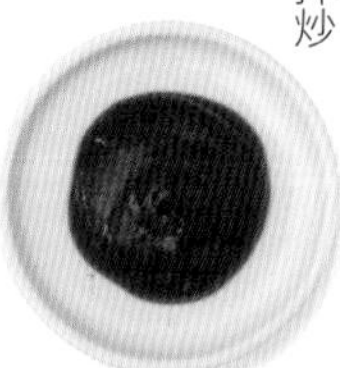

建議搭配料理
燉飯
蛋類料理

番茄泥

將番茄搗成泥後煮熟過濾，加入燉煮類料理中可增加濃郁的口感。

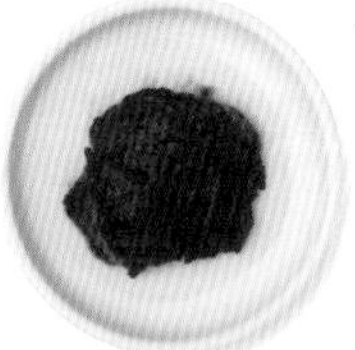

建議搭配料理
湯
醬料

健康的西式調味料

番茄醬是將成熟的番茄燉煮、過濾後製成番茄泥，再加上鹽、醋、砂糖、香辛料等調味後的產品。因為番茄醬外表是鮮豔華麗的紅色，除了會使用在蛋包飯等蛋類料理上之外，其酸酸甜甜的濃郁美味也常用在事先醃漬處理食材上，或當成菜餚的提味祕方。

此外，番茄醬紅色的外表是因為它含有比新鮮番茄更多的茄紅素。也因此被當成具有預防癌症、防止老化、消除疲勞效果的健康食品。

英文的ketchup不只是番茄？

番茄醬在一九〇八年進入日本，比美乃滋更早一些出現。通常在日本提到ketchup（ケチャップ）一詞，人們都直覺反應是指番茄醬，但ketchup一詞原本是海鮮類醬料的泛稱，或是以植物為食材製作成的醬料總稱。世界各地還有蘑菇醬、核桃醬、芒果醬等醬料也屬於ketchup一類。

因番茄醬有去除食材特殊氣味和油膩的效果，有很多孩子喜歡，可以試試把番茄醬加在他們不喜歡的料理上，也許有意料之外的驚喜。

廣受大眾歡迎的甜味辣醬
基本的醬燒蝦仁

材料（蝦子300克份）

炒醬
- 番茄醬…2大匙
- 醬油…1大匙
- 雞湯粉…1/2小匙
- 水…3/4杯
- 豆瓣醬…1小匙

Memo

蝦子拌炒過後先盛起備用，最後再放入醬料拌勻，避免過熱。

基本的醬燒蝦仁

材料（4人份）

蝦子…300克
蒜末…1瓣份
薑末…1塊份
蔥末…1/4根份
鹽、胡椒…各少許
沙拉油…1.5大匙
上述材料製成的炒醬
太白粉水
（太白粉1大匙、水1大匙）

作法

1. 蝦子事先處理過並撒上鹽、胡椒。倒入材料份量之外的油到鍋裡，快速拌炒蝦子後盛出備用。
2. 將沙拉油倒入平底鍋中加熱，放進蒜末和薑末炒出香味。
3. 加入材料中的炒醬煮滾，倒入太白粉水勾芡。
4. 放蔥末，將步驟1放回鍋裡稍煮一下即可盛盤。

大人也愛的味道
經典醬燒蝦仁

材料（蝦子300克份）

醬
- 豆瓣醬…1大匙
- 水…少許
- 番茄醬…2大匙
- 高湯…1/2杯
- 米酒…1/2大匙
- 砂糖…1小匙

作法

請參考基本食譜，材料中的醬在作法的步驟2時加入，其他調味料則在作法的步驟3時加入。

配炸雞也美味
糖醋醬滑蛋蟹肉

材料（滑蛋蟹肉4人份）

番茄醬…4大匙
砂糖…4大匙
醋…4大匙
米酒…2大匙
雞骨高湯…1.5杯
太白粉…1大匙

作法

將所有調味料混合攪拌均勻後，加熱至黏稠狀。

也適合當炸魚拌醬
日式醬燒蝦仁

材料（蝦子300克份）

梅子肉…1大匙
砂糖…8大匙
番茄醬…4大匙
醬油…4大匙
米酒…4大匙
醋…2大匙

作法

將所有材料在作法的步驟3中加入。

適合炒豬肝或炒牛肉
番茄醬炒肉

材料（豬肝300克份）

番茄醬…3大匙
醬油…2大匙
米酒…1大匙
味醂…1大匙
水…1/2杯

作法

倒入上述材料中的調味料，拌炒已炒過的豬肝，再加太白粉水勾芡即可；建議也可加入咖哩粉。

富含維生素C

番茄中的維生素C可耐加熱，與同樣含有豐富維生素C的豬肝一起拌炒，便是一道富含維生素營養的佳餚，酸甜的番茄醬讓這道菜更美味可口。

加飯拌炒就能做好
基本的蛋包飯

材料（4碗飯份）
小香腸…100克
玉米罐頭（顆粒）…2/3杯（100克）
洋蔥切碎…1/2小顆份
番茄醬…6大匙
鹽…1/3小匙
胡椒…少許

基本食譜

材料（4人份）
米飯…4碗份
上述材料中的食材和調味料
蛋…8個
牛奶…4大匙
鹽、胡椒…各少許
奶油…40克
沙拉油…1大匙

作法

1 將材料中的小香腸切成0.5公分厚的小丁。蛋打散，加入牛奶、鹽和胡椒攪拌混合。
2 沙拉油倒入平底鍋中加熱，把洋蔥炒軟後放入上述的食材和調味料炒到水份收乾，再加入飯拌炒後盛出備用。
3 將平底鍋擦乾，放入一人份10克的奶油，倒1/4蛋液的量到鍋內煎到半熟狀後，放步驟2中1/4的量在鍋子前方，用蛋皮把飯包好。盛盤後調整一下蛋包飯的形狀，淋上份量之外的番茄醬即可。

微辣風味真過癮
雞肉飯肉燥

材料（4碗飯份）
番茄醬…100克
雞腿肉…100克
黑胡椒…適量
一味辣椒粉…適量
豆瓣醬…適量

作法
材料放入平底鍋裡用中火燉煮5~6分鐘到水份適度收乾，拌入米飯即可。

塔可飯的餡料
塔可餅肉醬

材料（4人份）
絞肉…400克
碎洋蔥…1個份
蒜末…2瓣份
白酒…4大匙
番茄醬…6大匙
伍斯特醬…2大匙
砂糖…1小匙
鹽…2小撮

作法
用小火炒香蒜末，依序加入洋蔥末和絞肉。再依上述順序加入調味料拌炒均勻即可。

無番茄醬的清爽風味
清爽雞肉飯

材料（4碗飯份）
雞腿肉…1片
洋蔥…1/2個
蘑菇…8朵
奶油…4大匙
白酒…1/2杯
番茄泥…1杯
鹽…1小匙
胡椒…少許

作法
將材料全部切成小丁，以平底鍋加熱奶油，依序放入雞肉、洋蔥、蘑菇炒香。調味料也依上述順序添加，煮約2~3分鐘。最後拌入米飯即成雞肉飯。

塔可飯醬料
莎莎醬

材料（易做的量）
迷你番茄切成四等份…8顆份
香菜末…1根份
番茄醬…1大匙
檸檬汁…1大匙

作法
所有材料攪拌混合均勻。

用熱騰騰的白飯！

雞肉飯的醬汁基本上是味道濃厚又黏稠，不容易和米飯混合的類型。用熱騰騰，容易攪拌均勻的白飯是料理的關鍵！

熱騰騰的白飯

酸甜好滋味
基本的拿坡里義大利麵

材料（義大利麵320克份）

基底
- 洋蔥片…1個份
- 沙拉油…2大匙

調味料
- 番茄泥…8大匙
- 番茄醬…4大匙
- 鹽、胡椒…各少許

Memo

加番茄泥可讓義大利麵的風味變得清爽，口味也酸甜適中。

基本食譜

材料（4人份）

義大利麵…320克
香腸（火腿亦可）…10根
青椒…2個
蘑菇罐頭…100克
上述材料製成的基底
調味料

作法

1 香腸斜切成0.7公分厚的片狀，青椒切成0.2公分厚的圓片。
2 將義大利麵依照包裝上所需時間煮熟、瀝乾水分。
3 拌炒材料中的基底，加入步驟1和蘑菇繼續炒勻。
4 食材都炒熟後，加入材料中的調味料混合攪拌均勻。
5 將步驟4放進步驟2中拌勻即可。

童年的味道
復古拿坡里義大利麵

材料（義大利麵320克份）

洋蔥…1個
乳瑪琳…4大匙
番茄醬…6大匙
牛奶…6大匙
鹽、胡椒…各少許

作法

洋蔥切成2公分小丁，以乳瑪琳慢慢拌炒。再放入火腿、青椒等喜愛的食材和其他材料拌炒均勻，最後把煮好的義大利麵加入拌勻即可。

濃厚甘醇的宴客風料理
清湯拿坡里義大利麵

材料（義大利麵320克份）

洋蔥片…200克
橄欖油…4大匙
番茄醬…4大匙
熱水…4大匙
帕馬森起司…60克
奶油…20克

作法

以橄欖油炒香洋蔥，再加入火腿、青椒等喜愛的食材炒勻。番茄醬和熱水也加入一起燉煮後，拌入煮過的義大利麵和帕馬森起司充分攪拌，起鍋前放入奶油使其溶化即可。

餐廳的美味

想讓拿坡里義大利麵光澤動人可口，在起鍋前放入奶油充分攪拌均勻，是一個祕訣。這招不但可讓義大利麵外表亮麗，口感也會變得更順口喔！

微波爐就能做的燴牛肉醬
簡單的牛肉燉飯

材料（牛肉350克、洋蔥2個份）

番茄醬…1/4杯
紅酒…2大匙
豬排醬…2大匙
高湯粉…1小匙
洋蔥末…1大匙
月桂葉…1片
粗粒黑胡椒…少許
奶油…1小匙

作法

放入奶油之外的材料，不加保鮮膜微波加熱約2分鐘，趁熱放入奶油後攪拌均勻。將撒上麵粉的牛肉、洋蔥炒熟後倒入醬汁燉煮，牛肉燴飯即可完成。

懷念的古早味
經典牛肉燉飯

材料（牛肉350克、洋蔥2個份）

奶油…2大匙
紅酒…2/3杯
雞湯…2/3杯
月桂葉…1片
番茄醬…1/2杯
鹽、胡椒…各少許
醬油…1大匙

作法

在牛肉上撒適量的麵粉、洋蔥切成半月形後，用奶油炒香，依上述順序加入醬汁燉煮，起鍋前淋上醬油即可。

基本的漢堡排醬

充分運用煎漢堡排後的油脂

材料（漢堡排4個份）
漢堡排煎汁…4個份
奶油…20克
番茄醬…4大匙
醬油…1大匙

基本食譜

材料（4人份）
絞肉…400克
洋蔥末…1/2個份
蛋液…1個份
麵包粉…1/2杯
牛奶…2大匙
鹽…1/2小匙
胡椒、肉豆蔻…各少許
上述材料中的調味料
沙拉油…1.5大匙
依個人喜好…
水煮青花菜
水煮甜紅蘿蔔

作法

1. 洋蔥用1大匙沙拉油加熱炒軟後放涼。麵包粉放入牛奶裡。
2. 將絞肉、步驟1、蛋液、鹽、胡椒、肉豆蔻放入容器中充分攪拌混合均勻，分成四等份，揉捏成圓形。
3. 將剩餘的1/2大匙沙拉油倒入平底鍋中加熱排列好的步驟2，以大火將一面煎至焦黃後，翻面蓋上鍋蓋繼續以小火煎約8分鐘。
4. 盛出漢堡排，利用平底鍋中剩餘的肉汁，拌入上述材料中的調味料做成醬汁即可。

燉漢堡排

運用拌炒洋蔥的鮮甜滋味

材料（漢堡排4個份）
洋蔥片…1/2個份
法式清湯…1杯
番茄醬…4大匙
伍斯特醬…2大匙
奶油…1大匙

作法
在基本食譜作法的步驟3煎漢堡肉的同時，在一旁炒洋蔥末，待洋蔥炒至透明，加入材料中的調味料燉煮漢堡肉，一直煮到水份剩下一半時，即可關火。

胡椒醬

辛辣的成熟大人味

材料（漢堡排4個份）
漢堡排煎汁…4個份
奶油…100克
蒜片…1瓣份
粗粒黑胡椒…2小匙
檸檬汁…1大匙
巴西利末…1大匙

作法
用漢堡排的煎汁溶化奶油，加入大蒜、粗粒黑胡椒、檸檬汁，起鍋前加入巴西利末即可。

奶油醬

簡單又高雅的醬料

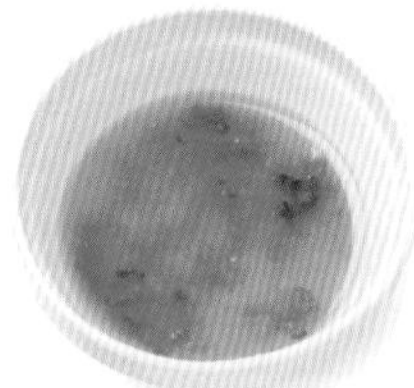

材料（漢堡排4個份）
奶油…100克
巴西利末…1大匙
檸檬汁…1大匙
鹽、胡椒…各少許

作法
在鍋中放入奶油、鹽、胡椒加熱，邊搖晃鍋子邊溶化奶油。等奶油呈焦黃色後放入巴西利，起鍋前加入檸檬汁。

紅酒醬

滋味豐富的醬汁

材料（漢堡排4個份）
漢堡排煎汁…4個份
紅酒…3大匙
中濃醬汁…2大匙
番茄醬…2大匙
和風芥末醬…少許

作法
除了和風芥末之外的調味料全部加入漢堡肉的煎汁，中混合拌勻並煮滾，關火後加和風芥末攪拌即可。

西餐廳的經典味道
香煎豬肉醬

材料（豬肉600克份）

番茄醬…3大匙
伍斯特醬…1大匙
砂糖…1大匙
檸檬汁…1大匙
水…1大匙
黃芥末醬…1小匙
奶油…10克
蒜末…1瓣份
鹽、胡椒…各少許

作法

將所有材料攪拌混合均勻煮滾，淋在煎好的豬肉上。

適合雞肉的清爽醬汁
香煎雞肉醬

材料（雞肉600克份）

番茄醬…3大匙
醬油…2大匙
蜂蜜…1大匙
洋蔥末…1大匙
蒜末…1小匙

作法

以平底鍋拌炒洋蔥和大蒜，再倒入剩餘調味料炒勻後，淋在煎熟的雞肉上。

清爽和風醬
檸檬醬油醬汁

材料（漢堡排4個份）

醬油…3大匙
檸檬汁…1/2個份
白蘿蔔泥…1/4根份
青紫蘇末…6片份

作法

在盛盤的漢堡肉上，擺放白蘿蔔泥和青紫蘇葉，再把醬油和檸檬汁攪拌均勻淋上即可。

香氣濃醇的醬料
香煎厚切豬排醬

材料（豬肉600克份）

番茄醬…4大匙
味醂…4大匙
伍斯特醬…4大匙
醬油…8大匙
奶油…4大匙

作法

以材料中的奶油香煎豬肉至上色，再倒入其餘調味料煮沸即可。

攪拌均勻即可
香煎雞肉檸檬番茄醬

材料（雞肉600克份）

番茄醬…4大匙
醬油…1/2大匙
檸檬汁…1大匙

作法

將所有材料攪拌混合均勻。

下飯的好味道
薑味味噌醬

材料（漢堡排4個份）

高湯…4大匙
味噌…3大匙
砂糖…2小匙
醬油…1小匙
薑末…1小匙

作法

將醬油之外的所有材料放入小鍋煮沸，熄火後加入薑末混合拌勻。

搭配和風調味料

在番茄醬中加入味醂和醬油等和風調味料後，即可成為配飯的美味佳餚，再加上炒過的蒜片，更是下飯。

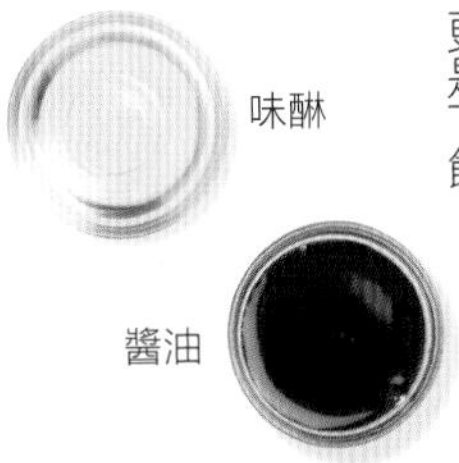

味醂

醬油

可運用在許多料理上的基本醬汁

基本的番茄醬汁

材料（易做的量）

水煮番茄罐頭…2罐（800克）
大蒜…1瓣份
洋蔥末…1/2個份
月桂葉…1小片
橄欖油…3~4大匙
鹽…2/3小匙
胡椒…適量
砂糖…1/2~1小匙

Memo

在鍋中加入橄欖油、壓碎的大蒜、月桂葉，以小火加熱炒香。放進洋蔥炒到上色，番茄壓碎後倒入鍋內煮約20分鐘。再以鹽、胡椒、砂糖燉煮。

最真實的番茄滋味

簡單番茄醬汁

材料（易做的量）

水煮番茄罐頭…2罐（800克）
大蒜…1瓣
奧勒岡葉…1小匙
鹽…少許
橄欖油…3~4大匙

作法

在鍋中加入橄欖油、壓碎的大蒜炒香。放入番茄用木杓壓碎，以大火煮滾10~15分鐘，最後加入奧勒岡葉和鹽稍煮即可。

大人的味道

雞肝番茄肉醬

材料（易做的量）

基本的番茄醬汁（請參考上述作法）…1杯
雞肝切碎…100克
羅勒末…2大匙
巴西利末…2大匙
鹽、胡椒…各少許
奶油…2大匙

作法

以平底鍋加熱奶油炒雞肝，待顏色變白倒入番茄醬汁。煮沸後加鹽、胡椒、巴西利和羅勒，再以小火燉煮約1~2分鐘。

可少量製作的便利醬料

即食番茄醬汁

材料（易做的量）

番茄汁…2杯
洋蔥末…1/2杯
蒜末…1/2杯
鹽…2小匙
胡椒…少許
奶油…1大匙

作法

洋蔥放入鍋裡，加奶油炒香。倒入剩餘材料，視味道調整濃淡，並煮到湯汁剩下一半的量。

手工自製的特別味道

自製肉醬

材料（4人份）

基底
- 洋蔥末…1個份
- 紅蘿蔔末…1根份
- 芹菜末…1根份
- 絞肉…300克
- 水煮番茄罐頭…1罐（400克）

醬汁
- 薑末…1塊份
- 蒜末…1瓣份
- 水…1杯
- 鹽…1小匙

醬油…1大匙
紅酒…1/2杯
橄欖油…2大匙
麵粉…1大匙

Memo

撒上麵粉增加黏稠度，較容易與義大利麵拌勻。

基本食譜

材料（4人份）

上述材料製成的醬汁
義大利麵…300克
起司粉…適量

作法

1 將材料中的橄欖油倒入鍋中加熱，炒基底中的蔬菜類並加入絞肉炒散，撒上麵粉以小火炒勻至粉狀消失。
2 加入紅酒煮到酒精成分揮發，放進水煮番茄罐頭邊壓碎邊炒。倒進材料中的醬汁，一邊撈除浮沫一邊燉煮約30~40分鐘。
3 以材料中的醬油和鹽調味。
4 比義大利麵包裝上的煮麵時間少煮一分鐘，瀝乾水分後加入步驟3拌勻，撒上起司粉即可。

快速燉煮肉醬

肉醬要美味，最好的方式是慢慢燉煮。但如果沒有時間的話，水加少一點，再加上中濃醬就能很快入味。完成後再灑上少許醬油，味道會更好。

番茄冷湯（Gazpacho）

充分冰鎮後享用

材料（4人份）
蒜末…1/2小匙
番茄汁…3杯
橄欖油…2小匙
鹽、胡椒…各少許

作法
所有材料混合攪拌均勻後放涼，再倒入盛有切碎番茄、小黃瓜、洋蔥等的容器中即可。

番茄蔬菜湯

冰箱裡有的蔬菜都可放入

材料（4人份）
培根…2片
洋蔥…1/4個
水煮番茄罐頭…1罐（400克）
水…2杯
高湯塊…2顆
月桂葉…1片
鹽、胡椒…各少許

作法
切碎培根、洋蔥後拌炒。待洋蔥炒至透明，加入水煮番茄、水、高湯塊、月桂葉和喜愛的蔬菜燉煮約20分鐘，再以鹽、胡椒調味即可。

中式番茄鍋

以豆瓣醬調整辣度

材料（4人份）
番茄汁…2杯
蒜末…2瓣份
豆瓣醬…2小匙
中式高湯…2杯
麻油…1大匙
醬油…1大匙

作法
麻油倒入土鍋中加熱，放大蒜和豆瓣醬炒香後，倒進番茄汁、高湯煮滾，再以醬油調整味道，放喜愛的食材進去燉煮。

推薦的食材
香菇、韭菜、豆腐、海瓜子等，最後可加拉麵。

簡單番茄鍋

品嘗食材的鮮甜

材料（4人份）
大蒜…1瓣
水煮番茄罐頭…1罐（400克）
水…2杯
橄欖油…2大匙
鹽…1小匙

作法
在鍋裡加橄欖油炒香大蒜，一邊放入水煮番茄一邊壓碎。再加水和鹽燉煮約10分鐘。要從肉類的食材開始煮。

推薦的食材
豬肉、洋蔥、孢子甘藍(Brussels sprouts)等，最後可加義大利麵。

義大利海鮮番茄鍋

以白酒增加豐富口感

材料（4人份）
番茄醬汁
（作法可參考P120）…1.5杯
白酒…1/4杯
水…4杯
鹽、胡椒…各少許

作法
將所有材料放入鍋中煮滾。從海鮮類開始煮。

推薦的食材
海鮮類、青花菜、菠菜等，最後可煮燉飯。

日式烏醋醬

關於材料

基本上是萃取自各種蔬菜、水果榨汁，再混合香辛料和釀造醋製成的調味料。因為不含油，比想像中來得健康。

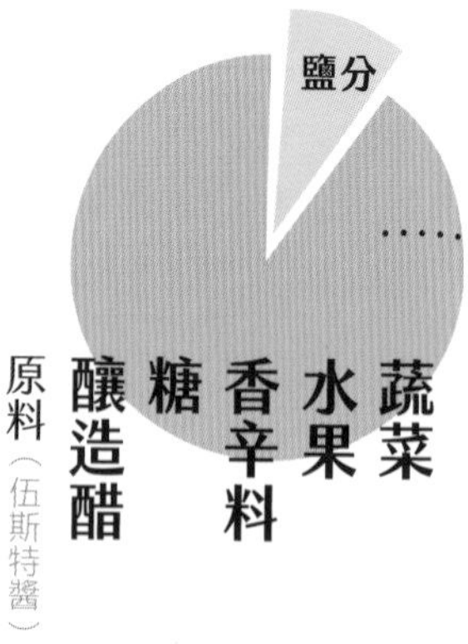

主要材料是蘋果、洋蔥、番茄等

國外的醬料

伍斯特醬來自英國，在當地是一種以醋和洋蔥為基底的香料，常拿來當成牛排醬。

日本製的伍斯特醬有果香？

以蔬菜、水果等製成的日式烏醋醬，其正式名稱為伍斯特醬，是將蔬菜、水果榨成汁後加入醋、鹽、砂糖、香辛料等調味製成的產品。依使用原料不同，會有黏稠度的差異，但不含脂質，可以說是共同之處。加上製造原料中含釀造醋，較少加入延長保存期限的人工添加物，可以安心使用。

伍斯特醬進入日本市場後，依日本人的喜好改變了使用原料。像不使用鯷魚，改用水果減少酸味和鹹味，因而增加了果香，降低香辛料的嗆辣感，後來日本還以此為基礎，研發出獨特的豬排醬和大阪燒醬。

搭配什麼食物？

同樣是日本，每個地區偏好的醬料種類也不一樣。例如在關西地區，大阪燒和章魚燒是一般家庭裡十分常見的食物，它們也都有專屬的濃稠醬汁。雖說如此，一般認為吃豬排時應該要淋上豬排醬，但也有人淋醬油。同樣的，也有人吃荷包蛋時會淋濃稠醬料，吃咖哩時加醬油。每個人都有各式各樣的喜好和吃法。

無論如何，來自英國的伍斯特醬在日本不斷的演變改良，現在已衍生出各種各樣的美味醬料。

選擇方式、種類

醬料主要依濃度的不同而有各種分類，香辛料的辣度也各有區別。可依個人喜好選擇自己喜歡的風味！

伍斯特醬

清淡的液體狀醬汁，略帶辣味，使用範圍很廣。

建議搭配料理
拌炒類
燉煮類

中濃醬

濃度介於伍斯特醬和豬排醬之間，甜辣度適中。

建議搭配料理
炸物
西式料理

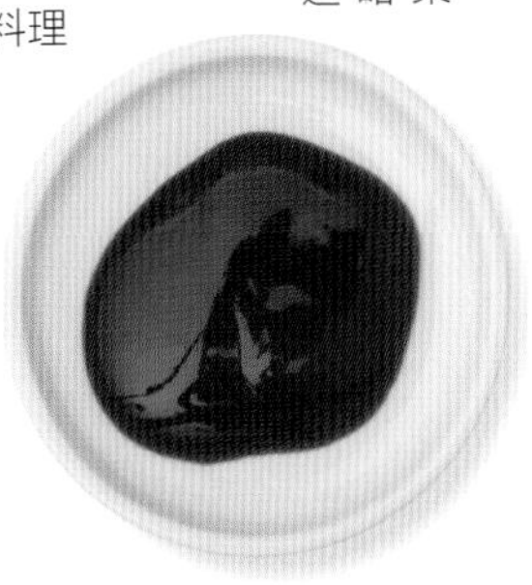

豬排醬

因醬料中保留著蔬菜水果的纖維，是款略顯濃稠的醬料。味道稍甜。

建議搭配料理
豬肉料理

大阪燒醬

偏甜的醬料，內含鳳梨和椰棗等水果。

建議搭配料理
大阪燒

什麼是「醬汁拌飯」？

現在世界各地熟悉的伍斯特醬來自於英國的伍斯特郡，在江戶時代末期傳入日本，一般家庭在明治時代後期才開始普遍使用。

日本昭和時代初期經濟不景氣時，食堂裡流行著單點白飯，再大量淋上餐桌免費醬料的「醬汁拌飯」吃法，也簡稱為「醬飯」。因為這是花最少錢就能填飽肚子的午餐，眾人爭相模仿。

日式烏醋醬原本就含有蔬菜水果的甘甜美味、各種香辛料的香氣，是種單獨品嘗也十分美味的調味料。相信就算單獨淋在米飯上，也會讓口感更豐富更有層次！

使用方式

是種主要搭配炸物的調味料，也可用來增加咖哩或湯的濃醇度，或當成烤肉醬使用。

料理效果

- 可去除肉類腥味，可代替香料用來事先處理豬肝等食材。

- 能帶出甘醇美味，因內含多種食材精華，可添加在燉煮類料理中。
- 能增添料理的色澤，因含有糖份，可增加食材的光澤。

保存方法

開封前保存在陰涼處，打開使用後建議存放於冰箱內。尤其是中濃醬和豬排醬容易變質，要特別注意。

經典美味

基本的炒麵

材料（油麵4球份）
中濃醬…6大匙
伍斯特醬…1.5大匙

Memo
運用風味和濃度不同的醬料，組合出豐富的層次感。

基本食譜

材料（4人份）
油麵…4球
豬五花肉片…300克
洋蔥片…1/2個份
高麗菜…4~5大片
紅蘿蔔…1/2根
豆芽…200克
紅薑、海苔粉…各適量
上述材料製成的醬汁
沙拉油…2大匙
依個人喜好…
｜韭菜

作法
1 豬肉、高麗菜、紅蘿蔔切成容易食用的大小，袋裝油麵微波加熱約40秒。
2 在平底鍋中倒入沙拉油加熱炒豬肉片，蔬菜類也依軟硬度的順序加入翻炒。微波好的油麵也一邊撥散，一邊和其他食材一起炒勻。
3 加入材料中的醬汁和全部食材拌勻後盛盤，依個人喜好可以加紅薑、海苔粉點綴。

大人口味的炒麵

鹽味伍斯特醬炒麵

材料（油麵4球份）
米酒…2大匙
雞湯…4大匙
鹽…1又1/3小匙
黑胡椒…少許
伍斯特醬…1又1/3大匙

作法
請參考基本食譜，於步驟3依序加入以上調味料。

適合重口味愛好者

香濃炒麵

材料（油麵4球份）
中濃醬…4大匙
番茄醬…4大匙
伍斯特醬…2大匙

作法
請參考基本食譜，調味料可事先拌勻，在作法的步驟3時一起加入即可。

西式風味可搭義大利麵

咖哩炒麵

材料（油麵4球份）
中濃醬…180毫升
咖哩粉…2小匙

作法
將基本食譜作法的步驟2改成沙拉油；將上述材料製成的醬汁，在作法的步驟3時加入。

可以加泡菜當配料

辣味炒麵

材料（油麵4球份）
醬油…6大匙
味醂…4大匙
伍斯特醬…2大匙
麻油…少許
米酒…少許

作法
請參考基本食譜，調味料可事先拌勻，在作法的步驟3時一起加入即可。

基本的大阪燒醬

蒜味讓食慾大增

基本食譜

材料（易做的量）

蒜泥…2瓣份
伍斯特醬…3大匙
番茄醬…3大匙
醬油…3大匙
麻油…1大匙
檸檬汁…2小匙

作法

所有調味料混合攪拌均勻。

鹹甜番茄味大阪燒醬

鮮甜多汁的番茄

材料（易做的量）

中濃醬…240克
番茄切丁…1個份
美乃滋…適量

作法

將番茄丁和美乃滋放入鋁箔紙容器裡，煎大阪燒時放在一旁一起加熱。醬料加熱完成後，淋在大阪燒上，最後擠上美乃滋即可。

咖哩起司大阪燒醬

香氣濃郁迷人

材料（易做的量）

豬排醬…4大匙
咖哩粉…1.5小匙
番茄醬…2大匙
洋蔥泥…1大匙
起司粉…1~2大匙

作法

所有調味料混合攪拌均勻。

芝麻醬

清爽和風醬

材料（易做的量）

白芝麻…1/4杯
伍斯特醬…1杯
番茄醬…3大匙
砂糖…1大匙

作法

芝麻放進研磨缽裡仔細磨碎，將磨好後的芝麻粉和其餘材料放入容器中，充分攪拌到滑順的狀態。

香料伍斯特醬

香氣豐富的大人口味

材料（易做的量）

伍斯特醬…1杯
蒜片…少許
月桂葉…少許
芥末籽…少許
百里香…少許
巴西利…少許

作法

混合所有調味料後煮沸放涼，使其入味。

黃芥末醬

甜味與辣味的絕妙平衡

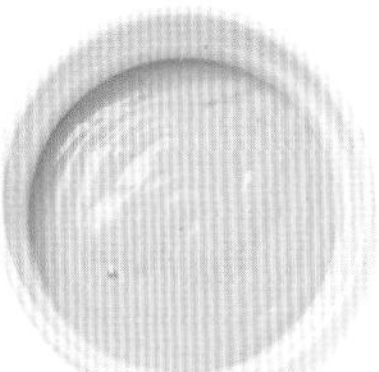

材料（易做的量）

美乃滋…1/2杯
黃芥末…1/2大匙
伍斯特醬…2小匙

作法

所有調味料混合攪拌均勻。

紅酒醋醬

適合炸牛排

材料（易做的量）

豬排醬…4大匙
番茄醬…1大匙
紅酒醋…1/2小匙

作法

所有調味料混合攪拌均勻。

炸豬排醬

名古屋特產的鹹甜醬汁

材料（易做的量）

伍斯特醬…150毫升
豬排醬…300毫升
砂糖…1大匙
味醂…1大匙

作法

所有調味料混合攪拌均勻，再把醬汁淋在現炸的豬排上。

香濃醬料燉出豐富美味

俄式燉牛柳（Beef stroganoff）

材料（牛肉350克、香菇3包份）

基底

- 洋蔥切碎…1個份
- 蒜末…1瓣份
- 橄欖油…2大匙
- 番茄泥…1大匙

醬汁

- 白酒…1/2杯
- 雞湯…1.5杯
- 伍斯特醬…1.5大匙
- 鹽、胡椒…各少許

Memo

洋蔥要炒到呈現焦糖色，滋味才更濃郁。

俄式燉牛柳食譜

材料（4人份）

牛腿肉…350克	鮮奶油…1/3杯
蘑菇…1包	檸檬汁…1大匙
鹽、胡椒…各少許	麵粉…適量
上述材料製成的基底	白蘭地…1大匙
醬汁	橄欖油…1/2大匙

作法

1. 牛肉切成容易食用的大小後，撒上鹽、胡椒和麵粉。蘑菇切成薄片。
2. 材料中的基底倒入鍋中加熱，待洋蔥炒至焦糖色後，加進番茄泥，再放入蘑菇片後充分翻炒。
3. 把材料中的醬汁倒入步驟2中燉煮約10分鐘。
4. 橄欖油倒入平底鍋中加熱後，拌炒牛肉並撒上白蘭地。待酒精揮發後倒入步驟3裡煮約5分鐘後關火，再淋上鮮奶油拌勻。盛盤後擠上檸檬汁，可以配米飯或奶油飯一起享用。

芡汁嫩菇

嫩燉香菇

材料（香菇2包）

醬汁

- 雞骨高湯…2杯
- 伍斯特醬…1/2大匙
- 蠔油…1/2大匙
- 酒…1大匙
- 醬油…1大匙
- 胡椒…少許
- 薑片…1/2塊份
- 太白粉水…適量
- 麻油…1小匙

作法

將炒過的菇放入材料中的醬汁裡，加入薑片煮滾。再以太白粉水勾芡，最後淋上麻油。

以味噌帶出日式風情

醬汁燉魚

材料（沙丁魚12尾份）

柚子皮切絲…1/2個份
高湯…3杯
味噌…25克
伍斯特醬…3.5大匙

作法

把所有材料放進鍋中煮滾，再加入去除頭、尾和內臟的沙丁魚燉煮。

以炒香的蔥蒜為基底

醬汁燉肉

材料（豬肉500克份）

基底

- 橄欖油…3大匙
- 洋蔥末…4個份
- 大蒜片…6瓣份
- 白酒…2大匙

醬汁

- 伍斯特醬…1.5~2大匙
- 水…1杯

作法

將基本材料放入鍋中充分拌炒，待洋蔥末呈焦糖色後加入白酒和煎過的豬肉，以小火悶煮，最後再加入醬汁慢慢燉煮。

味噌＋醬料？

味噌加上醬料的組合應該有點令人感到驚訝，但醬料可以增加味噌的香醇滋味，又能減少魚類的腥臭，是非常美味的好搭檔。以味噌為湯底的火鍋，也十分推薦加入醬料喔！

異國調味料

Overseas seasonings

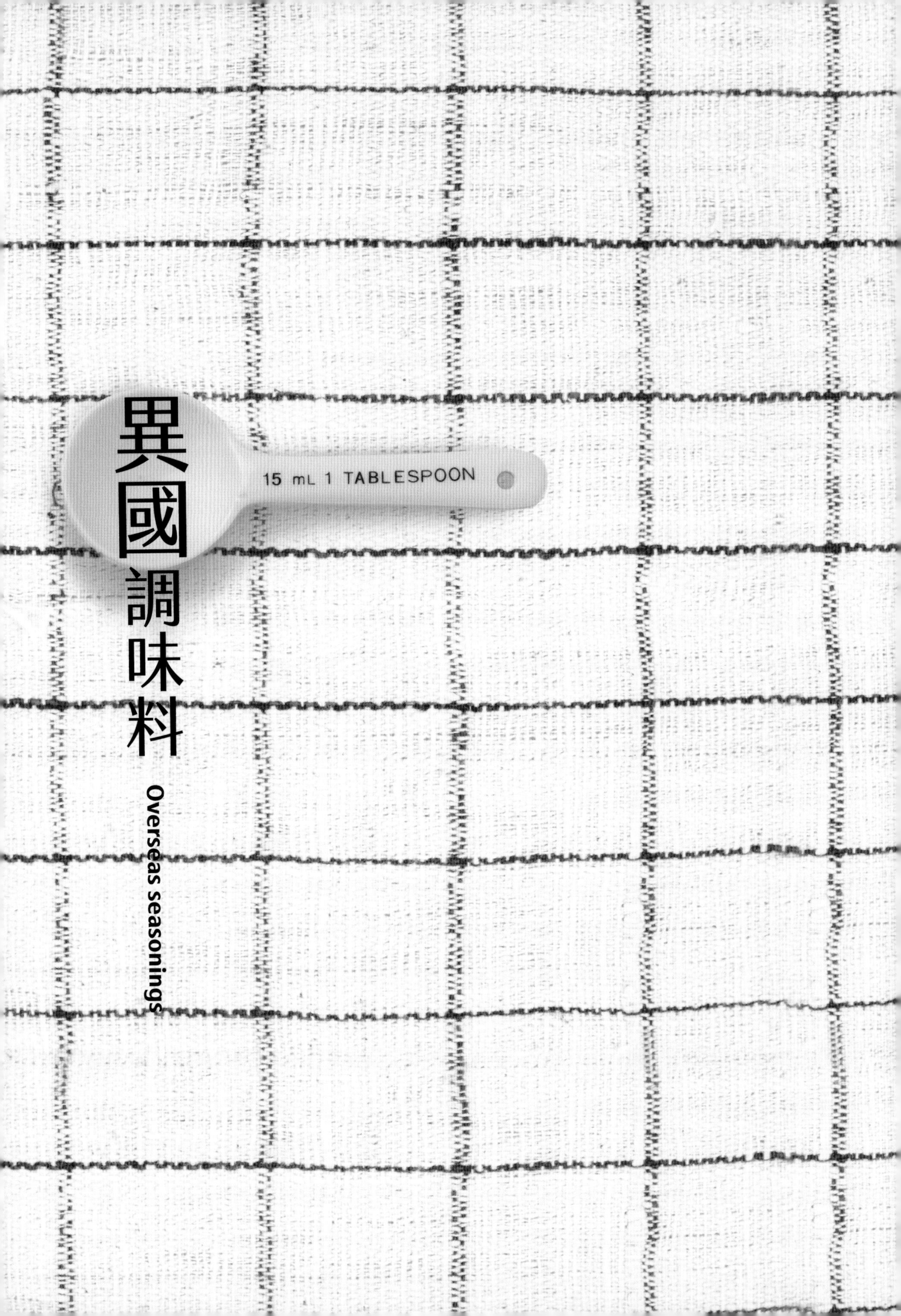

魚露

泰式醬油

魚露是一種代表東南亞國家泰國的調味料，將魚類等海鮮加上鹽一起醃漬一段時間後，經由菌種分解和發酵便形成魚醬，和日本秋田縣的魚醬油しょっつる（Shottsuru）一樣知名。

含鹽量高和富含鮮甜美味的成分，是魚露的特點。當料理的鹹味不足時，泰式料理會使用魚露來增加鹹味。任何料理加上一點點魚露，就能馬上變身成道地的泰國或東南亞風味佳餚喔！

以大量韭菜製成的醬汁是料理主角

魚露韭菜醬

材料（易做的量）
魚露…2小匙
醋…2大匙
韭菜…1/3把（切碎）
薑末…1塊份

作法
所有材料混合攪拌均勻，再淋上微波加熱過的雞胸肉，馬上完成一道美味的小菜。淋在炸物上味道也很清爽。

東南亞風萬用醬汁

印尼炒飯（Nasi Goreng）風味醬料

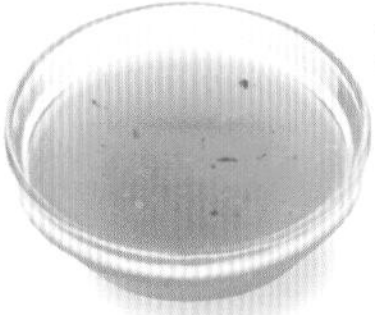

材料（易做的量）
魚露…6大匙
醋…6大匙
蒜泥…2小匙
砂糖…4大匙

作法
所有材料攪拌混合均勻，淋在炒飯上調味，瞬間變身為印尼風炒飯；加在蒸雞肉上也很美味。

油脂加上檸檬汁就能成為萬用淋醬！

富含鮮甜美味的魚露只要加上喜愛的油脂和檸檬汁，就能變身成好用的淋醬！淋在高麗菜絲和紅蘿蔔上拌勻，一道東南亞風的高麗菜沙拉馬上完成！將白蘿蔔切成薄片，灑上一點砂糖，再淋上少許魚露，就是美味可口的千枚漬。

東南亞風炸物

炸物沾醬

材料（雞腿肉1片份）
魚露…1大匙
米酒…1大匙
薑泥…1大匙
蒜泥…1小匙

作法
所有材料攪拌混合均勻，雞肉切成適合食用的大小後淋上醬汁搓揉入味，再撒上太白粉油炸。沾牛肉、豬肉、海鮮都很對味。

清爽的酸甜滋味

生春捲沾醬

材料（易做的量）
檸檬汁…4個份
魚露…240毫升
碎花生…80克
一味辣椒粉…1小匙
砂糖…4小匙

作法
所有材料攪拌混合均勻。

椰奶

香甜獨特的風味是其魅力

椰奶是取出成熟椰子內部的椰肉，煮沸過濾而成的奶狀食材。香醇濃郁的椰奶帶有獨具特色的香甜，讓人瞬間覺得身在充滿陽光的南島國度。椰奶與香料是天生絕配，在製作東南亞料理和甜點時絕不能少了椰奶。市售的椰奶罐頭有些在打開後會看到塊狀的東西，與椰汁分離漂浮在上方，這東西是椰子油（Coconut Cream），在開罐前需充分搖晃均勻。

溫和綿密的口感

椰奶番茄醬汁

材料（易做的量）

椰奶…100克
番茄罐頭…1/2罐
鹽…1小匙

作法

將所有材料攪拌混合均勻，和綜合海鮮200克和洋蔥、彩椒各1/4個，櫛瓜1/2根等蔬菜一起下鍋炒勻。也可以加入自己喜愛的雞肉、白肉魚或其他蔬菜。

綠咖哩

讓食慾大開的香辛料

綠咖哩醬是一種滋味豐富且多層次的醬料，它混合了綠辣椒的辛辣和泰式香料的香氣。準備好喜愛的食材，再加上魚露和椰奶，便能做出道地的綠咖哩。這道料理的小祕訣在於：鹹味等調味料要加得足夠。雞肉、馬鈴薯等風味清淡的食材和奶製品的味道十分搭配，西式料理中也常使用奶製品提味。如果想更突出料理的東南亞風，加點魚露絕不會讓你失望！

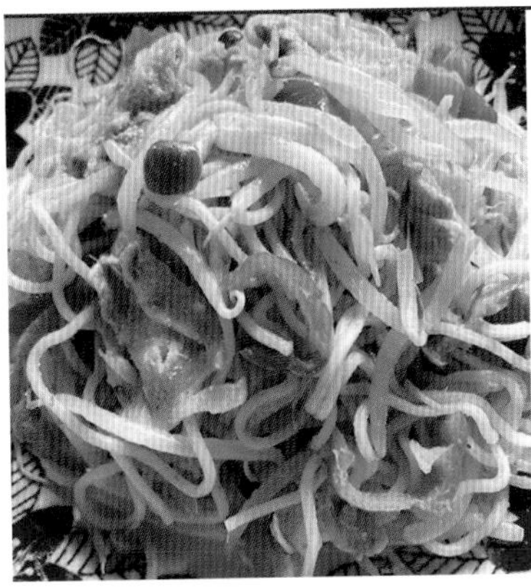

以魚露提味

拌麵醬

材料（炒麵1包份）

綠咖哩醬…1又1/2小匙
魚露…1小匙
雞湯粉…1小匙

作法

將所有材料攪拌混合均勻，把200克的豬肉鋪在蔬菜上（豆芽菜1包、鴻喜菇1/2包、青椒1個份切絲），放進微波爐加熱，接著將事先微波過的炒麵、1大匙的熱水和醬汁充分拌勻即可。

綠咖哩食譜

材料和作法

1 倒1大匙的油到鍋裡加熱，放入50克的綠咖哩醬，開小火炒出香氣。
2 放2杯椰奶到鍋中煮沸，加進切成適合食用大小的雞腿肉1片（300克）和喜歡的蔬菜200克（茄子、竹筍等）一起煮滾。
3 待食材煮熟，放入2大匙魚露和1大匙砂糖調味即可。

鯷魚醬

只要加一點馬上變身為道地料理

以鹽巴醃漬鯷魚，再經熟成和加工即可製成鯷魚醬。因為沒有經過加熱處理，所以保留鯷魚特有的風味。市售鯷魚醬多為軟管式條狀包裝，而且是綿密的泥狀，可以直接擠在平底鍋或容器裡，不需再花時間切碎鯷魚，使用方便且廣受大眾歡迎。鯷魚醬也可和其他油脂、美乃滋等調味料輕鬆調和使用，只要加一點點在日常料理上，就能馬上升級成道地的美食佳餚。

讓簡單的清炒高麗菜美味升級

清爽炒醬

材料（易做的量）

鯷魚抹醬…1大匙
檸檬汁…1小匙
鹽…少許

作法

將所有材料攪拌混合均匀；將1/2大匙的橄欖油和1/2瓣份的蒜末炒香，放入已切成容易食用大小的高麗菜葉翻炒，再倒入醬汁炒匀，也能拿來炒喜歡的蔬菜或多種綜合菇類。

簡單又道地的美味

香醇義大利麵醬

材料（義大利麵200克份）

鯷魚抹醬…3小匙
蒜泥…1/2大匙
牛奶…2大匙
橄欖油…2大匙

作法

將所有材料放入耐熱容器裡，不包上保鮮膜，直接放入微波爐加熱。依照外包裝的煮麵時間煮熟義大利麵後，把前述醬料拌入。加蘘荷絲和芝麻菜做成和風義大利麵，或是當成蔬菜沾醬也很美味。

享受起司的口感

醋漬茄子醬

材料（茄子1個份）

鯷魚抹醬…2小匙
檸檬汁…1大匙
茅屋起司…3大匙

作法

將所有材料攪拌混合均匀，茄子去掉蒂頭後切成容易食用的大小。在平底鍋中倒入1大匙橄欖油加熱，用大火炒茄子。加入醬汁快速拌匀後，關火悶約15分鐘使之入味即可。

以番茄增加口感

萬用番茄沙拉醬

材料（易做的量）

鯷魚抹醬…1大匙
白醋…2小匙
橄欖油…2大匙
蒜泥…1/2瓣份
番茄…中型1個、切小塊

作法

將所有材料攪拌混合均匀，可搭配沙拉或當作煎烤魚的醬汁，也很推薦拌在義大利冷麵裡。

鯷魚醬有三種包裝

醃漬鯷魚依型態的不同可分成三種包裝，一種是完整的鯷魚菲力直接醃漬在罐頭或玻璃瓶裡，另一種是將鯷魚捲在橄欖上油漬，最後一種是加工成泥狀的抹醬。

羅勒醬

香醇濃郁的口感為料理增添變化

羅勒醬在義大利文中稱為pesto genovese，是一種將羅勒、松子、蒜泥和起司充分搗碎後拌入橄欖油製成的調味料，可以品嘗到新鮮羅勒清爽的香氣和大蒜、橄欖油的風味。羅勒醬還能隨著料理，變換成各種不同類型的醬料，像是將食材切成0.3公分至0.4公分的小丁，不充分磨碎特意留下口感的話，適合在肉類或魚類料理上使用。濃稠又滑順的羅勒醬可以用來拌炒義大利麵；清爽型的羅勒醬汁則適合直接淋上沙拉。市面上販售的羅勒醬可多多比較，嘗試各種不同的配方和調味。

以鮮奶油增添香醇

奶油羅勒醬

材料（筆管麵200克份）

羅勒醬…5大匙
鮮奶油…50克
牛奶…2大匙

作法

所有材料攪拌混合均勻，筆管麵依外包裝標示時間煮熟並拌入醬料，最後加鹽，再撒上起司粉和黑胡椒調味。

Basilico和Basil

Basilico和Basil都是指同一種香草植物羅勒，兩者的差別只在前者是義大利文，而後者是英文。因羅勒醬是種起源於義大利的醬料，日本通常都稱為Basil sauce，在原產地義大利則稱為pesto genovese。

加點醋淋上馬鈴薯沙拉

羅勒香醋醬

材料（馬鈴薯2個份）

羅勒醬…1大匙
醋…1小匙

作法

所有材料攪拌混合均勻，馬鈴薯去皮後切成容易食用的大小，以微波加熱，放涼後壓碎，與醬汁和迷你番茄拌勻即可。

塗在長棍麵包上當前菜

羅勒美乃滋醬

材料（易做的量）

羅勒醬…3大匙
美乃滋…1大匙

作法

將所有材料攪拌混合均勻，塗在長棍麵包上放進烤箱烘烤，馬上變身超級美味的前菜小點！也可以搭配溫沙拉或抹在白肉魚上以鋁箔紙包住烘烤。

豆漿更添溫和口感

義大利風熱沾醬（Bagna Càuda）

材料（易做的量）

羅勒醬…3大匙
豆漿…1大匙

作法

所有材料攪拌混合均勻後，可以淋在喜愛的溫沙拉或水煮鮮蝦上享用。

冬蔭功醬

讓你彷彿置身泰國的調味料

冬蔭功醬（Tom Yum Goong）是酸辣夠味的醬料代表，其特色在於具有檸檬香茅、檸檬葉等，搭配香草植物的香氣和羅望子、墨西哥萊姆的酸味。冬蔭功醬也帶有青辣椒後勁十足的辣味，可依個人喜好調整各種食材的使用份量。使用範圍相當廣泛，像炒菜、炒飯、醃肉或與美乃滋拌勻做成蔬菜沾醬等。

搓揉入味就是道地小菜

泰式即食醃醬

材料（小黃瓜2根份）

冬蔭功醬…1/2大匙
醋…1小匙
砂糖…1小匙
雞湯粉…少許
白芝麻…適量

作法

小黃瓜放進塑膠袋後用擀麵棍敲裂，再切成容易食用的大小。把醬料全部倒入塑膠袋中搓揉均勻，放進冰箱醃漬15分鐘左右即可。

也可當下酒小菜醃漬液

酸辣蔬菜醃醬

材料（易做的量）

冬蔭功醬…1小匙
砂糖…2大匙
醋…1/2杯
水…1/2杯

作法

將所有材料放入保存容器中攪拌混合均勻，放入小黃瓜、紅蘿蔔、彩椒等喜愛的蔬菜醃漬即可。

泰式豆腐

溫豆腐醬汁

材料（豆腐1/4盒份）

冬蔭功醬…1大匙
醬油…少許
雞湯粉…1小匙
水…1杯

作法

將所有材料攪拌混合均勻，放入豆腐微波加熱後，可切開豆腐與醬汁一起食用。也可以放上豆芽菜或蔥等自己喜歡的蔬菜或香辛料一起享用。

甜甜辣辣好滋味

泰式馬鈴薯燉肉醬

材料（馬鈴薯3個、洋蔥、紅蘿蔔各1/2個、綜合豬肉片200克份）

冬蔭功醬…1又1/2大匙
酒…2大匙
砂糖…1/2大匙

作法

將所有材料攪拌混合均勻，蔬菜切成容易食用的大小後微波加熱。等野菜煮熟後，鋪上豬肉，加入醬料和2大匙的水再微波即可。

世界三大名湯之一的冬蔭功

泰式酸辣湯冬蔭功是世界三大名湯之一；Tom代表燉煮、Yum是混合攪拌、Goong則是蝦子的意思，代表這道湯是放入蝦子熬煮而成的料理；也有加入雞肉、海鮮、蔬菜等其他食材的冬蔭功湯。

巴薩米克醋

葡萄製成的酸甜水果醋

巴薩米克（Balsamic）在義大利文中是「具有香氣」的意思。將葡萄放在木桶中經長期熟成後製成的醋稱為巴薩米克醋，而它正如其名具有芳香醇厚的濃郁甘甜風味。因烹調後，醋的酸味會蒸發，風味會變得更柔和鮮甜，適合作為肉類和魚類料理的醬料。最輕鬆簡單的用法就是當成淋醬，也可將巴薩米克醋加上自己喜愛的調味料，變化出各式各樣的美味料理！

照燒醬

豐富的滋味和醬油最搭

材料（易做的量）
巴薩米克醋…2大匙
醬油…1小匙
味醂…3大匙

作法
將所有材料攪拌混合均勻，把一片鹽漬鯖魚切成容易食用的大小後灑上太白粉。1/2根的青蔥切成3公分長，在平底鍋中倒入沙拉油加熱，放進鯖魚、蔥段和醬料拌炒均勻即可。

水果沙拉醬

甜點般的沙拉

材料（蘋果1個份）
巴薩米克醋…2大匙
蜂蜜…2小匙
橄欖油…2小匙
鹽…少許

作法
將所有材料攪拌混合均勻，將一個帶皮蘋果切成適合食用的大小，與核桃和適量蒔蘿攪拌均勻後盛盤，再均勻淋上醬料即可。

享受不同的風味

熟成時間的長短會影響巴薩米克醋的風味，有三至五年短期熟成的產品，也有十到二十年以上長期熟成的，種類繁多。熟成時間越長，風味越柔和，味道也更鮮甜。

白色巴薩米克醋滋味酸甜溫和

白色巴薩米克醋以白葡萄製成，因熟成時間較短，清爽的香氣和微甜的風味是其特徵。常使用在醃漬海鮮類和生魚片、薄切生肉（Carpaccio）等希望保持食材原本色澤的料理上。也可以代替醋來作醋飯或醋味噌，白葡萄的清爽香氣和酸味與日式料理也很搭配。

西式三杯醋醬

具有豐富果香的涼拌小菜

材料（小黃瓜、章魚腳各1根份）
白色巴薩米克醋…1又1/2大匙
蔗糖…1小匙
鹽…1/2小匙

作法
將所有材料攪拌混合均勻，小黃瓜用刨片器刨成圓形薄片，章魚腳切成容易食用的大小。放入醬料和切成絲的2片青紫蘇，輕輕搓揉入味後放進冰箱冰鎮後享用。

辣椒醬

異國風味醬

辣椒（Chili pepper）原產於中南美洲，將辣椒、砂糖、鹽、醋、香辛料等和番茄醬混合後便可製成辣椒醬，是泰式壽喜燒醬汁裡不可或缺的食材。通常用來做炸物的沾醬、燉煮海鮮，或當成沙拉淋醬、加入麵類料理中。

餘韻猶存的甜辣美味

泰式涮涮鍋醬料

材料（易做的量）

辣椒醬…6大匙
蠔油…1大匙
雞湯粉…1小匙
熱水…3大匙

作法

將所有材料攪拌混合均勻，在青江菜或高苣等蔬菜上鋪上涮涮鍋用的肉片，微波加熱後沾醬食用。增加熱水的份量即可變成湯底。

加番茄醬讓味道變柔和

炒菜醬料

材料（易做的量）

辣椒醬…1大匙
番茄醬…2大匙
紹興酒…1小匙

作法

將所有材料攪拌混合均勻，2大匙的沙拉油倒入平底鍋中加熱，把4個蛋的蛋液倒入鍋子裡快炒。將炒蛋推到鍋邊，加入2個番茄份量的番茄丁和切成3~4公分的6把青蔥炒勻，再放入醬汁均勻拌炒以上食材，最後再拌進義大利麵裡就變成一道香辣可口的拿坡里義大利麵！

甜辣醬

泰國、越南的甜辣醬

甜辣醬和辣椒醬的主要原料幾乎相同，但甜辣醬會使用甜度較高的辣椒，配方裡砂糖和醋的比例也有所不同。泰國和越南的料理會使用甜辣醬，也會當成生春捲的沾醬，與炸物十分合拍。沾上甜不辣一起食用，馬上變身為泰式料理的美味炸魚餅！

容易取得而且能簡單自製

自製甜辣醬

材料（易做的量）

蒜泥…1/2小匙
魚露…1小匙
豆瓣醬…1/2小匙
砂糖…5大匙
醋…4大匙
水…5大匙

作法

將所有材料放進鍋裡煮滾後，再繼續熬2~3分鐘，放涼後呈現黏稠狀即可。

調味料使風味倍增

泰式蝦味辣醬

材料（蝦子300克、番茄1個份）

泰式甜辣醬…1大匙
番茄醬…1大匙
醬油…1/2大匙
雞骨高湯…1/2杯

作法

將所有材料攪拌混合均勻，在平底鍋中倒入1大匙的沙拉油和1瓣份的蒜末加熱，待香氣釋出後放入蝦子拌炒，再加進切瓣的番茄和醬料炒勻。倒入太白粉水（太白粉1大匙、水2大匙），混合攪拌均勻煮沸即可。

泰式蝦蟹醬

真是美味集於一身！

泰式蝦蟹醬是以蟹肉和蝦子製成的萬用調味料，鮮豔的紅椒讓醬料呈現紅色，卻沒有辣油的辣味。可以淋在料理上或拿來炒菜或拌菜，各種料理都適用，是種非常萬用的醬料。只要加一點點在炒飯、炒麵或蛋包飯裡，就可以讓家常料理變得與眾不同，富有蝦蟹的鮮美，並更增添異國風情！

就算沒有螃蟹，也能作螃蟹燉飯！

燉飯醬料

材料（易做的量）
泰式蝦蟹醬…1又1/2大匙
白醬…100克

作法
將所有材料攪拌混合均勻，50克的通心粉依照外包裝時間煮熟，與汆燙好切成容易食用長度的2把菠菜與醬料攪拌均勻。撒上起司粉，放進烤箱中焗烤。還可以在裡面加入火腿、雞肉、茄子或任何菇類。蝦蟹醬經烘烤後會滲出許多油脂，搭配切片麵包一起享用風味絕佳！

餐桌頓時充滿異國風情！

如果是第一次品嘗泰式蝦蟹醬，建議可以舀一點放在生雞蛋拌飯上食用。放入口中，嘴裡頓時充滿蝦子和螃蟹濃郁的香氣！

變換食材享受料理樂趣

蝦醬味噌湯

材料（蘋果1個份）
泰式蝦蟹醬…1小匙
味噌…1小匙
和風高湯粉…1/2小匙

作法
在碗裡放進所有材料、倒入熱水。微波加熱1/2個馬鈴薯和1/4個洋蔥後，放入碗裡和湯汁攪拌均勻即可。

超美味乾拌麵

蟹味烏龍麵醬

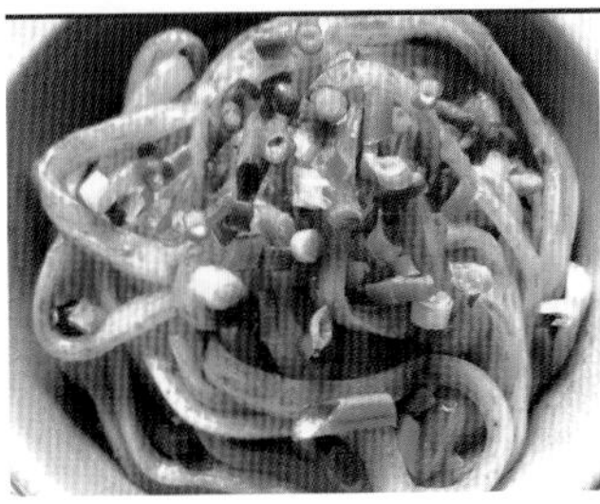

材料（烏龍麵1袋份）
泰式蝦蟹醬…2小匙
美乃滋…1小匙
蠔油…1/2小匙

作法
將所有材料攪拌混合均勻，拌進剛起鍋的熱騰騰烏龍麵裡，再撒上蔥末即可。

加入美味壽司醋

簡單醋拌醬

材料（烏龍麵1袋份）
泰式蝦蟹醬…1小匙
壽司醋…2小匙

作法
將所有材料攪拌混合均勻後，拌進撕成雞絲的雞肉沙拉和切絲的彩椒裡。也可以淋在切片番茄上，或是在拌炒食材時使用，都可以瞬間提升料理的風味。

越式沙嗲蝦醬

兼具鮮蝦風味的清香辣油

越式沙嗲蝦醬（Sate Tom）是一種把辣椒、蝦米、砂糖、大蒜、鹽、檸檬草研磨搗碎後，與沙拉油混合攪拌製成的膏狀調味料。一口吃下，馬上可以感受到蝦子的鮮美和辣椒的辛辣一起從口中竄出，還帶有檸檬香茅的清新香氣。沙嗲蝦醬也有「越南辣油」之稱，會用在河粉或拌炒類料理的調味上。在吃麵時，可以嘗試一下加點沙嗲蝦醬或拌入炒飯、納豆裡等各種吃法，讓日常飲食搖身一變成為風味十足的異國風料理！

與美乃滋一起使用
越南風炒蛋

材料（蛋2個份）

越式沙嗲蝦醬…2小匙
美乃滋…1大匙
鹽…少許

作法

將所有材料攪拌混合均勻，再把醬料拌入蛋液中做成炒蛋即可。也可混合攪拌在水煮蛋裡，當作三明治的內餡。

充滿柑橘清香的東南亞氛圍
越南風炒醬

材料（易做的量）

越式沙嗲蝦醬…1大匙
醬油…1又1/2小匙

作法

把沙拉油倒入平底鍋中加熱，將一顆洋蔥切成洋蔥末後與300克的雞絞肉一起下鍋翻炒。炒熟後倒入醬汁拌勻，將成品鋪在生青椒上一起食用。

哈里薩辣醬

源自地中海的萬能調味料

哈里薩辣（Harissa）是以辣椒為基底，加入大蒜、芫荽、葛縷子（Caraway）、孜然等提味香料，再混合紅椒、橄欖油製成的一種具有辣度的調味料。外表看起來像是豆瓣醬，但用途廣泛，日式、西式和中式料理皆可使用。

令人上癮的香辛料香氣
大人的披薩醬

材料（吐司1片份）

哈里薩辣醬…1/2小匙
番茄醬…1大匙

作法

將所有材料攪拌混合均勻後，把醬料塗在吐司上，並依序鋪上斜切成片的小熱狗、切片的青椒和洋蔥絲，最後撒上披薩用的起司絲，再放入烤箱烤至起司上色即可。

叁巴醬

鮮辣美味的萬用調味料

叁巴醬（Sambal）是一種常使用在印尼、馬來西亞料理上，以辣椒、紫洋蔥、大蒜等食材製成的辣醬，其辣度從偏甜的口味到十分辛辣的都有。使用方式就像醬油一樣，可淋在沙拉、配菜上或是搭配肉類和魚類料理。

一淋上秒變印越風

東南亞風麻油醬

材料（易做的量）

叁巴醬…1大匙
麻油…1小匙

作法

所有材料攪拌混合均勻後，將醬汁淋在水煮蛋上並擺上切碎的洋蔥末。建議可以沾上蛋黃一起食用，或是搭配萵苣包著食用，就是一道不錯的宴客料理。麻油可以用咖哩粉取代，變成咖哩風味的辣醬。

XO醬

奢華鮮美的的滋味

XO醬一般的作法是將干貝、蝦米、金華火腿等數十種食材剁碎後翻炒和燉煮，再浸漬到植物油中。大多使用高級食材且多是乾貨，是種非常香醇鮮美的中式調味料。

XO醬經拌炒後香氣四溢，很適合在炒麵時使用。也可搭配竹輪等魚漿製品，或是加在生雞蛋拌飯中或拌在湯裡，讓日常料理瞬間升級成奢華美食。另外也可加在涼拌豆腐上或是粥裡，都非常美味。

濃郁且富層次的味道

XO炒醬

材料（易做的量）

XO醬…2大匙
薑末…1/4大匙
酒…1大匙
醬油…1大匙
雞骨高湯…3大匙
太白粉…1大匙
鹽、胡椒…各適量
麻油…1大匙

作法

所有材料攪拌混合均勻，可以拿來當炒菜或炒飯的調味醬料，或者是先醃漬肉類後再燒烤，都非常美味。

名稱的由來

XO醬是誕生於1980年代香港半島酒店的調味料，因為XO醬都使用高級食材作為原料，所以便使用白蘭地酒中最高等級的XO命名。

豆瓣醬

既鹹又辣的重口味醬料

兼具刺激的辛辣感和蠶豆發酵後濃郁香氣的豆瓣醬，還富有鹹味和酸味，是種獨具魅力的調味料。在原產地中國的四川省，也有不加辣椒的豆瓣醬，但同樣稱為豆瓣醬。

有辣度的豆瓣醬使用範圍很廣，炒菜時先用油炒香豆瓣醬，帶出食材的香氣是料理的小祕訣。與味噌、納豆、起司等發酵食品一起搭配，也很對味。要注意，有些豆瓣醬就算只加一點點也是辣味十足，所以在使用份量上要十分小心。

中式辣醬

建議加在生魚片沙拉上

材料（易做的量）

豆瓣醬…1/2大匙
醬油…6大匙
香菜末…1大匙
薑末…1塊份

作法

所有材料攪拌混合均勻，淋在海鮮沙拉上就是中式的冷盤前菜，也能拌蔬菜或當作水餃醬汁，都很美味。

辣味噌醬

可以加在飯或麵上

材料（易做的量）

豆瓣醬…1小匙
味噌…1/2大匙
味醂…1又1/2大匙

作法

所有材料攪拌混合均勻，將沙拉油倒入平底鍋內加熱，炒200克的牛肉片，肉片炒熟後淋上醬料，快速炒勻即可起鍋。成品可淋在飯上，撒上蔥末和白芝麻。或是加在烏龍麵上，再搭配萵苣就是一道份量十足的溫沙拉。

中式拌醬

辣味涼拌蔬菜豆腐

材料（易做的量）

豆瓣醬…2小匙
芝麻粉…2大匙
砂糖…1大匙
麻油…1/2小匙

作法

所有材料攪拌混合均勻，把汆燙過的小松菜一把、蟹肉棒8~10根切成容易食用的大小。瀝乾水份的豆腐一盒與上述材料製成的拌醬攪拌均勻後，加入前述的小松菜和蟹肉棒拌勻。時間緊迫時可以直接把拌醬擺在豆腐上，一道美味的小菜馬上完成。

香濃拌醬

材料簡單又美味

材料（易做的量）

豆瓣醬…1小匙
蠔油…1大匙
酒…1小匙

作法

所有材料攪拌混合均勻，先將一把水菜切成容易食用的長度，和櫻花蝦兩小撮、拌醬快速拌勻，也可以當成麵線沾醬變化成新口味。

又稱蠶豆味噌

豆瓣醬是日本豆味噌的蠶豆版，醬中的顆粒是豆子的碎屑。食用時不會有特殊的氣味，拌在法式淋醬中也十分美味。

韓式辣醬

讓每種料理瞬間變身韓風美食

與豆瓣醬很類似的韓式辣醬，是以糯米和粳米為原料，加入麴菌、辣椒等食材發酵熟成後製成的調味料，辣椒的辣度經過發酵熟成後變得溫和順口。源於朝鮮半島的韓式辣醬有辣中帶甜的特色，在韓國料理中，尤其是石鍋拌飯裡有著關鍵且不可或缺的地位。韓式辣醬可以用在炒菜或涼拌，甚至是簡單的直接沾生菜食用也很可口。辣醬具有黏性容易燒焦，在炒菜時要特別注意。

適量加入做出道地韓風料理

石鍋拌飯辣醬

材料（易做的量）

韓式辣醬…2大匙
醬油…4大匙
醋…2大匙
麻油…2大匙
蔥末…2大匙
白芝麻…2大匙
鹽…1小匙

作法

所有材料攪拌混合均勻，可以把韓式拌菜和牛肉燥放在飯上，淋上醬料攪拌後食用；加在湯裡也很好吃。

不挑食材的萬用醬料

辣味竹輪美乃滋醬

材料（易做的量）

韓式辣醬…1小匙
美乃滋…1大匙

作法

所有材料攪拌混合均勻，四支竹輪縱切成兩半，把適量的醬料和披薩用起司抹在竹輪切口，以烤箱烤至起司上色。或是當成蔬菜棒的沾醬，炒菜時加點醬料拌炒，都能讓餐點更加香醇美味。

朝鮮宮廷御用醬料

韓式辣醬是辣椒傳入朝鮮後研製而成的辣味噌，有文獻記載表示，曾進貢給朝鮮宮廷，是有歷史的調味料。可以使用的範圍很廣，像醃漬烤肉、炒菜或火鍋料理等。

份量相同好記

大阪燒醬

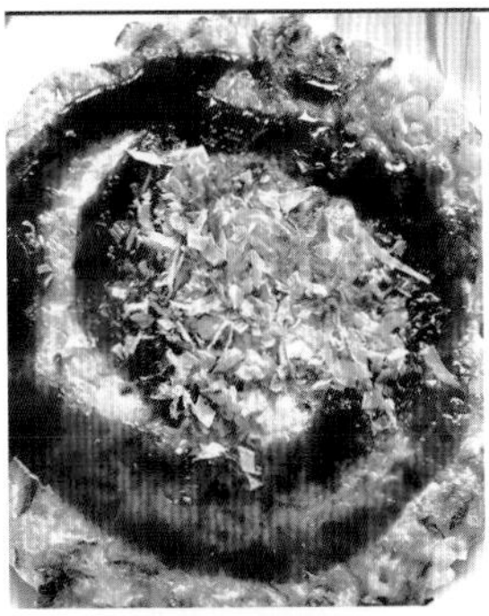

材料（易做的量）

韓式辣醬…1大匙
沾麵醬…1大匙
砂糖…1大匙

作法

所有材料攪拌混合均勻，依照外包裝說明備好適量的大阪燒用麵糊，拌入高麗菜絲和炸麵糊（揚げ玉）後下鍋煎熟，淋上醬料後享用。也可以把烤茄子一定會搭配的薑汁醬油換成此款大阪燒醬，即可迅速變身成另一種美味料理！

混合橘醋醬的清爽美味

簡單韓風淋醬

材料（易做的量）

韓式辣醬…2小匙
柑橘醋…3大匙
麻油…1小匙

作法

所有材料攪拌混合均勻，將一袋粉絲依照外包裝說明的浸泡時間泡進水中，一根小黃瓜和四片火腿切絲，再將拌勻的淋醬淋上攪拌混合均勻。也能把冰箱中的蔬菜切絲拌入，或者當成炸物的沾醬。

蠔油

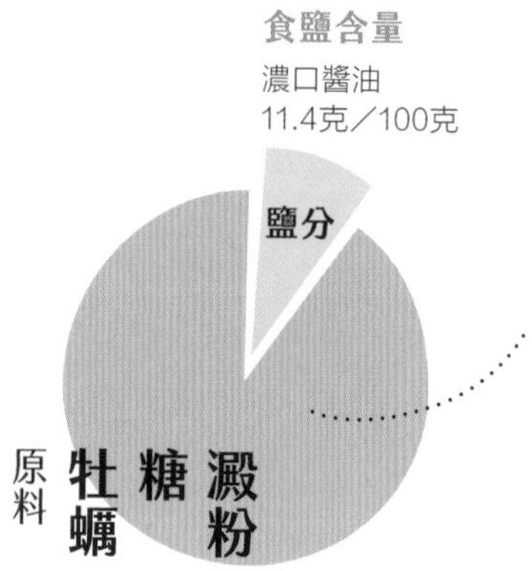

口感濃醇鮮美

蠔油源自中國廣東省，製法有兩種。一種是讓鹽漬的牡蠣發酵後取上面澄清的液體濃縮而成，另一種是運用熬煮牡蠣的湯汁濃縮提煉而成。無論是哪一種製法，都濃縮了牡蠣的鮮甜和鹹味，能讓料理口感濃醇、香氣四溢。建議可搭配炒菜、燉煮類料理使用。

蠔油中含有一種豐富的胺基酸「牛磺酸」（taurine）和肝糖（glycogen），具有穩定血壓和消除疲勞的效果。

加萵苣讓口感更清爽

蠔油炒牛肉

材料（牛肉200克、生萵苣1/2個份）

蠔油…1大匙
醬油…1/2大匙
胡椒…少許

作法

拌炒牛肉後加入醬料炒勻，再放入撕成小片的萵苣，一起到鍋中快炒即可。

辣味快炒

蠔油羅勒肉燥

材料（絞肉200克份）

紅辣椒末…1/2根份
蒜末…1/4大匙
巴西利末…2片份
壓碎的花生…2大匙
魚露…1大匙
蠔油…1大匙
溜醬油…1/2大匙
砂糖…1/2大匙
雞骨高湯…3大匙

作法

先將上述材料混合攪拌均勻成醬汁備用，將絞肉炒熟後，加入醬汁拌炒均勻到醬汁收乾即可。

香醇順口的煮魚

青背魚蠔油煮

材料（秋刀魚4尾份）

醬汁
- 薑絲…20克
- 水…2杯
- 酒…4大匙

調味料
- 蠔油…2大匙
- 醬油…1大匙
- 砂糖…2小匙

韭菜炒豬肝的材料和作法

將秋刀魚的頭和內臟去掉切成圓塊狀，淋上熱水去腥。煮滾醬汁後放入魚塊，燉約10分鐘，再放入調味料，把醬汁煮到剩1/3的量即可。

去除腥味

在魚類料理中使用蠔油，有去除魚腥味的效果。在燉魚時添加少量蠔油，可以讓料理的滋味更鮮美。

乳製品

Dairy Products

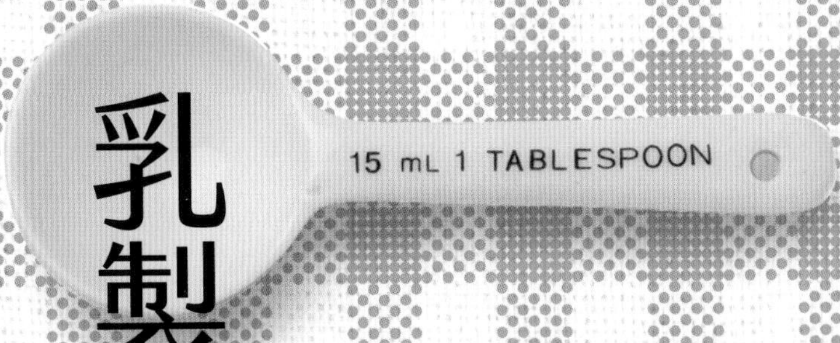

乳製品

關於營養

牛奶中富含優良蛋白質，在優格和起司等發酵製品中，蛋白質會轉變成人體更容易吸收的成分。

水分含量少

牛奶的水分含量為88.5%，小黃瓜的水分含量為97%。也就是說，牛奶的水分含量比蔬菜少。牛奶除了水分外，還有蛋白質、醣類、維生素等。

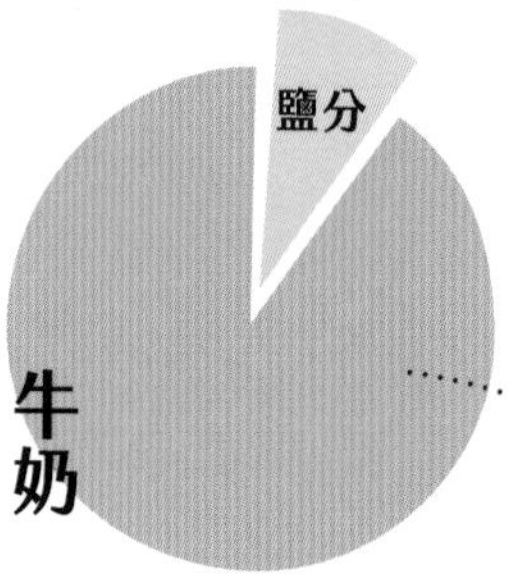

原料 牛奶（含鹽奶油）

鹽

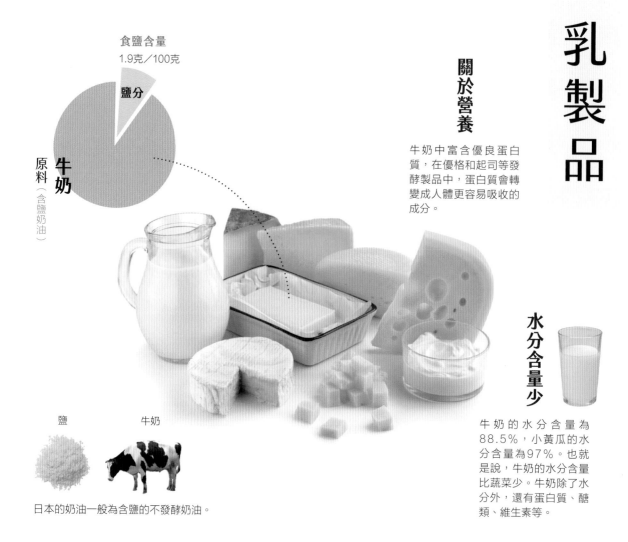

牛奶

日本的奶油一般為含鹽的不發酵奶油。

來源是牛奶

以動物乳汁加工而成的產品統稱為「乳製品」，通常專指牛乳。牛乳即是牛的乳汁，富含脂肪、蛋白質、鈣質和維生素，因具有高營養價值而廣受人們的歡迎。

主要的乳製品包括保存時間較長的脫脂乳、煉乳、發酵乳等乳酸飲料，以及分離牛奶脂肪和蛋白質加工製作的奶油、起司、鮮奶油、優格、冰淇淋等產品。

從秤重計價到紙盒包裝

在千葉縣南房總市有一座名為「日本酪農起源地」的紀念碑。據說德川八代將軍吉宗曾從印度進口牛隻到此地，並運用牛奶製作出現在奶油的原型。當時，牛奶還被視為滋補強身的營養品和退燒藥等珍貴藥材，直到明治時期才普及到一般家庭。

剛開始販售時，是使用勺子從大鐵罐裡舀出牛奶，以重量計價。後來才漸漸演變成小型鐵罐裝、各種顏色及款式的玻璃瓶牛奶，統一包裝形式的學校營養午餐牛奶和三角錐形紙盒包裝，以及現在超市中常見的直立式紙盒包裝等各式容器陸續出現，牛奶的樣貌也隨著生活型態的改變而有所不同。

乳製品是料理中的萬用食材

隨著飲食生活逐漸西化，乳製品與料理之間的關係變得更加密切。牛奶不僅適合用於西式料理，也能做成牛奶粥、味噌湯或與味噌拉麵、咖哩、燉煮類料理等搭配，使口感變得綿密又溫和。

起司和優格是對身體有益的發酵食品，營養均衡是其特色。尤其是起司種類繁多，料理方式也相當多樣，像是與食材攪拌在一起、做成夾心、捲起來或是切碎溶化等，是一種使用方便的食材。

若以每次食用奶油的份量看來，膽固醇含量也不算太高。奶油不僅可以用在烤肉和煎炒肉類的料理上，還可以在料理起鍋前放入，更添料理的濃郁風味。

選擇方式、種類

乳製品的種類近年來不斷增加，可以先了解各種乳製品的特色，分別運用在適合的料理上，讓料理更美味豐富。

奶油

牛奶中的脂肪凝固後製成的食材，分為有鹽、無鹽、發酵、不發酵，共4種。

建議搭配料理
皆可

帕馬森起司

將硬質起司磨成粉狀的產品，含有豐富的鈣質。

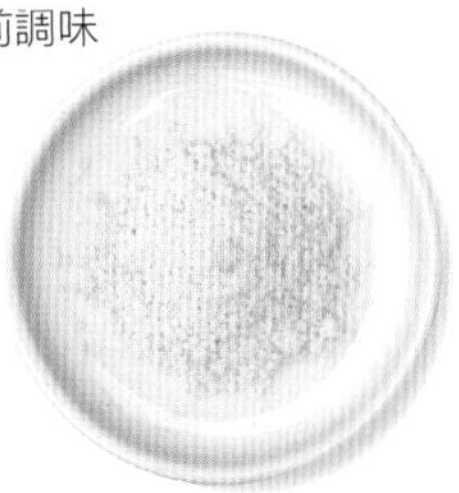

建議搭配料理
起鍋前調味
湯品

優格

在牛奶中加入乳酸菌，使其發酵便是優格，是種帶有溫和酸味的食材。

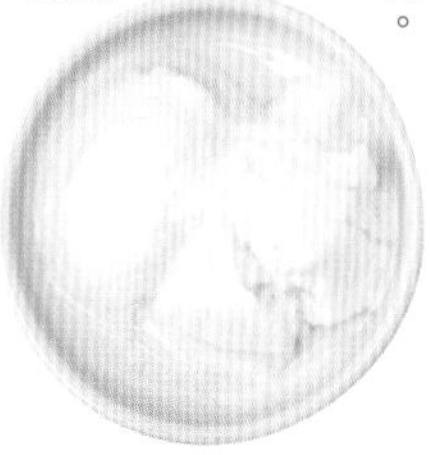

建議搭配料理
醃漬
湯品

奶油起司

以鮮奶油和牛奶製作而成，可以塗在麵包上或是製作甜點。

建議搭配料理
甜點
抹醬

鮮奶油

是牛奶中的脂肪成分，可以讓料理更濃醇，口感更綿密。

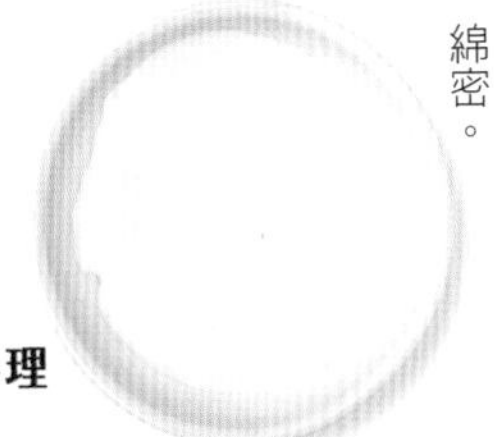

建議搭配料理
甜點
醬汁

天然起司

未經加熱處理的起司，像藍紋起司、莫札瑞拉起司等各種各具風味的起司。

加工起司

經過加熱處理，味道單一的起司。沒有特殊氣味，方便使用。

使用方式

增加料理的濃郁風味，在關火前加入可以使料理增添起司的香氣。除此之外，還能用在事先處理食材去除腥味上。

料理效果

共同功能

- 添加風味，像是魚類的奶油香煎（meunière）、奶油飯、義大利麵上撒起司粉等。

奶油

- 增添料理的濃郁香醇和光澤，像是燉牛肉等，請在熄火前加入。

優格

- 去除腥味，讓肉質柔軟，也可用來醃肉。

保存方法

因為容易吸附味道，所以要保存在密閉容器中並冷藏。多數產品的有效期限不長，要詳加確認後再購買並妥善保存。

醬汁

基本白醬

用在奶油濃湯或焗烤

材料（易做的量）

奶油…2大匙
低筋麵粉…2大匙
牛奶…2杯
鹽…1/3小匙
胡椒…少許
月桂葉…1/3片
洋蔥末…少

作法

把奶油放在鍋子裡溶化，倒入低筋麵粉用小火拌炒，再加入牛奶快速拌勻。放入調味料和洋蔥末、月桂葉，用小火一邊攪拌一邊再煮約10分鐘左右。

Memo

使用在料理上時，要記得把月桂葉取出。若是要做可樂餅的內餡，可改成奶油3大匙、低筋麵粉5大匙。做濃湯的話奶油改成3大匙、低筋麵粉4大匙，可依照料理的需求增加醬料的濃度。

大人的培根蛋黃醬

用牛奶來做

材料（義大利麵320克份）

醬汁

- 蛋…2個
- 蛋黃…2個份
- 帕馬森起司…8大匙
- 牛奶…1/2杯
- 培根…100克
- 橄欖油…4大匙
- 胡椒…適量

作法

在容器中將材料的醬汁拌勻，培根切成約1公分寬後，以橄欖油拌炒，再與煮過的義大利麵拌勻。將拌好的義大利麵移到醬汁的容器裡快速攪拌，再撒上胡椒即可。

黃芥末奶油醬

最適合白肉魚

材料（易做的量）

白醬…1杯
法式高湯…1/3杯
芥末籽…2小匙

作法

將白醬放入鍋裡，倒入高湯加熱。加熱完後把鍋子移開爐火，放進芥末籽即可。

奶油咖哩醬

加入煮熟的豆子再燉煮

材料（易做的量）

洋蔥丁…1個份
蒜末…1瓣份
奶油…2大匙
低筋麵粉…2大匙
咖哩粉…2大匙
牛奶…2杯
鹽…1/2小匙

作法

大蒜和洋蔥用奶油炒香後，加入低筋麵粉仔細炒勻。再放入咖哩粉攪拌、倒入牛奶稀釋，再加鹽調味即可。

鮮奶油培根蛋黃醬

香醇熟悉的味道

材料（義大利麵320克份）

醬汁

- 蛋液…4個份
- 帕馬森起司…25克
- 鹽、粗粒黑胡椒…各少許
- 鮮奶油…約1杯
- 培根…4片
- 橄欖油…1大匙
- 胡椒…少許

作法

將製作醬汁的材料倒入容器中混合均勻，培根切成1公分寬後以橄欖油炒過，再和煮過的義大利麵，約一大匙的煮麵湯汁一起拌勻。將麵倒入醬汁裡迅速攪拌，再撒上胡椒即可。

牛奶喝不完時

如果有在賞味期限內喝不完的牛奶，建議可以做成白醬冷凍保存。之後可以再加芥末籽和咖哩粉來變化口味，百吃不膩。

沾醬

煉乳奶油

讓人上癮的好滋味。最佳麵包抹醬

材料（易做的量）
奶油…50克
煉乳…3大匙

作法
將奶油放在室溫下，待變軟後拌入煉乳攪拌均勻即可。

鯷魚奶油

鹽分適中，更方便使用

材料（易做的量）
無鹽奶油…100克
鯷魚…30克

作法
先把鯷魚泡在水裡約5分鐘去除鹽分，再以食物處理機打碎。將奶油放在室溫下，待變軟後拌入鯷魚。鯷魚醬拌馬鈴薯也很好吃！

香草奶油

清新的香草香氣

材料（易做的量）
奶油…180克
巴西利末…1大匙
百里香末…1大匙

作法
把奶油放在室溫下變軟後拌入巴西利和百里香，可以用來烤吐司或煎魚時使用。

柑橘起司沾醬

酸甜順口

材料（易做的量）
柑橘果醬…35克
奶油起司…50克

作法
把所有材料混合攪拌均勻即可。

原味優格沾醬

可拌入切碎的香草或蔬菜

材料（易做的量）
優格…1杯
橄欖油…1大匙
大蒜末…1小匙
醋…1小匙
鹽…1/2小匙

作法
先將廚房紙巾鋪在篩網上，再把優格倒在紙巾上靜置一會兒吸去水分。最後把所有材料混合均勻即可。

鱈魚卵優格沾醬

魚卵的顆粒口感真有趣！

材料（易做的量）
原味優格…1杯
生食用鱈魚卵…40克
洋蔥末…40克
蒜末…少許
胡椒…少許

作法
先將廚房紙巾鋪在篩網上，再把優格倒在紙巾上靜置一會兒吸去水分。去掉鱈魚卵的薄膜後攪散，再把所有材料混合均勻即可。

酪梨沾醬

以咖哩粉提味

材料（易做的量）
酪梨…1個
檸檬汁…1小匙
鮮奶油…2大匙
鹽、胡椒…各少許
咖哩粉…少許

作法
挖除酪梨籽後，用叉子刮下果肉壓成泥，再擠上檸檬汁。加入鮮奶油攪拌均勻，再放入鹽、胡椒、咖哩粉調味。

豆腐藍紋起司抹醬

清爽不膩的豆腐

材料（易做的量）
木棉豆腐…1/2盒
藍紋起司…50克
特級初榨橄欖油…2大匙
胡椒…適量

作法
豆腐上面壓重物去除水分，再將豆腐和藍紋起司過篩成泥，加入橄欖油、胡椒調味並攪拌均勻。藍紋起司的鹹度不足時，可另外加入材料份量之外的少許鹽分。

奶油香煎鮭魚

檸檬酸味醬汁

材料（生鮭魚4片份）

麵衣
- 鹽、胡椒…各適量
- 麵粉…適量
- 奶油…1大匙

醬汁
- 美乃滋…1大匙
- 檸檬汁…1大匙
- 洋蔥末…2大匙
- 巴西利末…1大匙

Memo

鮭魚先整片淋上牛奶，可以去除腥味。

基本食譜

材料（4人份）

生鮭魚…4片
牛奶…3大匙
上述材料製成的麵衣
　　　　　　　　醬汁
沙拉油…1大匙

作法

1 鮭魚片淋上牛奶放置10分鐘，再將水分擦乾。撒上麵衣的材料、拍掉多餘的粉末。

2 沙拉油倒入平底鍋中加熱，放入材料中的奶油，把步驟1的魚皮煎到酥脆。將材料中的醬汁混合攪拌均勻。

3 等鮭魚兩面都煎熟後盛盤，淋上醬汁。依個人喜好，可以放上薯條或燉煮胡蘿蔔當配菜。

奶油烤鮭魚

酸味強烈的醬汁

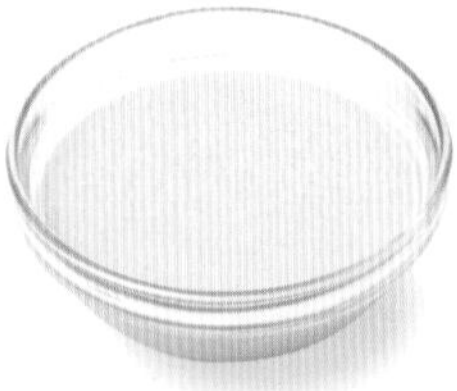

材料（魚4片份）

烤醬
- 檸檬汁…1個份
- 美乃滋…4大匙
- 酸奶油（sour cream）…4大匙
- 白酒…1大匙
- 咖哩粉…2小匙

作法

在魚片上抹鹽和胡椒後放在耐熱容器中，淋上已混合攪拌均勻的醬汁用200度烤約10分鐘。

香草煎鮭魚

給不喜歡奶油和鮮奶油者的清爽滋味

材料（鹽漬鮭魚3片份）

醋漬液
- 檸檬片…3~4片
- 橄欖油…3大匙
- 酒…1.5大匙
- 綜合香草…1/3小匙
- 鹽、胡椒…各少許

作法

把鹽漬鮭魚片放入調好的醋漬液中醃漬一個晚上，再用平底鍋煎至酥脆。

檸檬醬蒸鮭魚

高雅溫和的醬汁

材料（鮭魚4片份）

法式清湯…1/4杯
檸檬汁…2大匙
牛奶…50克

作法

法式清湯倒入小鍋裡，熬煮到湯汁剩一半的量。倒入檸檬汁後加熱，分次放進奶油慢慢溶化，淋在蒸鮭魚上。

洋蔥醬淋炸鮭魚

有洋蔥和奶油香醇味道的醬汁

材料（易做的量）

洋蔥絲…100克
牛奶…2大匙多
鹽…少許
奶油…20克

作法

奶油放入鍋中，用小火炒洋蔥炒約10分鐘。倒入牛奶煮到湯汁剩一半的量，再加鹽和胡椒調味。

奶油香煎魚要用低溫調理

奶油比沙拉油容易燒焦，所以加熱奶油的時候，要用低溫慢煎。一旦燒焦味道會變差，顏色也會變黑，要多注意。

魚露奶油吐司

可當零嘴的意外好滋味

材料

厚片吐司…1片
奶油…2小匙
魚露…適量

作法

烤吐司，塗奶油後淋上魚露。魚露味道較鹹，小心不要過量。

蘋果奶油吐司

最適合當早餐

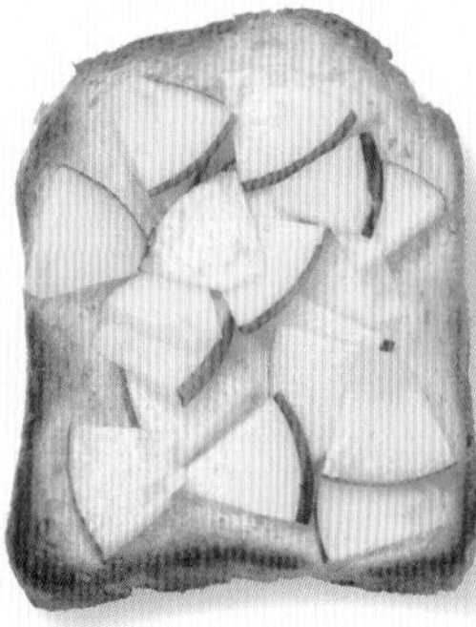

材料

厚片吐司…1片
蘋果…1/8個
溶化的奶油…1/2大匙
砂糖…1小匙

作法

蘋果切成小片後抹上溶化的奶油，鋪在吐司上，撒上砂糖後放進烤箱，要烤多久依個人喜好而定。

檸檬奶油吐司

清爽的檸檬香氣

材料

厚片吐司…1片
溶化的奶油…1/2大匙
檸檬汁…1大匙
細砂糖…1/2大匙

作法

烤吐司，將檸檬汁加入溶化的奶油中攪拌均勻抹在吐司上，均勻撒上細砂糖後再放進烤箱烤至上色。

芝麻奶油吐司

烤得香酥夠味

材料

厚片吐司…1片
白芝麻…1大匙
溶化的奶油…2小匙

作法

將奶油塗上吐司，撒上許多芝麻放進烤箱烤即可。

芥末奶油吐司

口感微酸的吐司

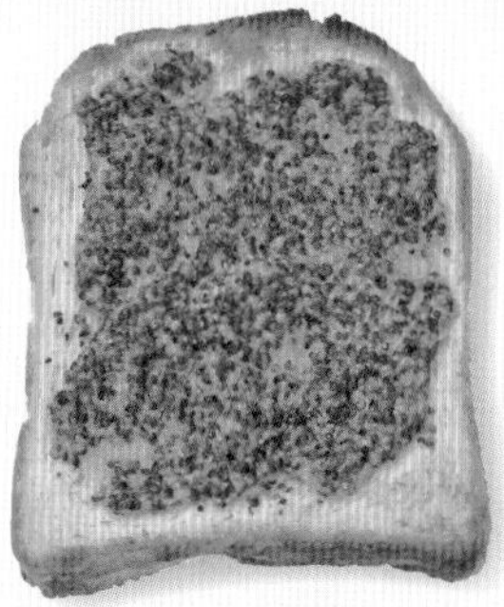

材料

厚片吐司…1片
黃芥末…3小匙
奶油…2小匙

作法

芥末醬和奶油混合均勻，塗在吐司上放進烤箱烤即可。

海苔奶油吐司

醬油香四溢

材料

厚片吐司…1片
醬油…1小匙
奶油…適量
海苔…約1片吐司大小

作法

把醬油淋上吐司後放進烤箱，塗奶油後，鋪上海苔再烤約30秒。

優格豬肋排
讓肉質軟嫩

材料（豬肋排8根份）
原味優格…150克
味噌…3大匙
醬油…1大匙
砂糖…1大匙
蒜泥…1小匙

作法
所有材料攪拌混合均勻，將豬肋排醃漬在醬料中2小時以上，以180度溫度烤15分鐘。

優格可讓肉質軟嫩多汁
把肉片醃漬在優格裡，會使肉質變軟且能增加香醇風味。在燉牛肉時，先把肉醃在優格裡更能增添料理的美味。

坦都里烤雞
讓人上癮的香料香氣

材料（帶骨雞腿肉4支）
醬料
- 咖哩粉…2大匙
- 原味優格…2杯
- 番茄醬…4大匙
- 伍斯特醬…4大匙
- 蒜末…2小匙
- 胡椒、肉豆蔻…各少許

Memo
為了讓雞肉容易入味，可用叉子先刺幾個洞，再抹上醬料醃漬。

基本食譜
材料（4人份）
帶骨雞腿…4支
材料的醬汁
依個人喜好…
｜萊姆

作法
1 以叉子在雞腿肉上刺幾個洞，再沿著骨頭劃刀。
2 把醬汁淋在步驟1上，醃漬約1小時。
3 以230度的溫度烤30~40分鐘。依個人喜好可搭配萊姆食用。

香煎豬排（Pork Piccata）
香氣濃郁的麵衣

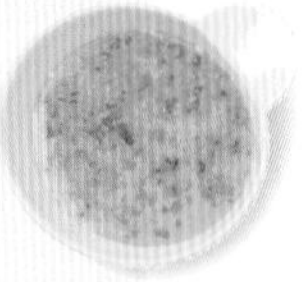

材料（豬肉300克份）
麵衣
- 蛋…2個
- 起司粉…4大匙
- 巴西利末…2大匙
- 蒜末…1/2瓣份

Memo
香酥的麵衣也有調味的功能，剩下的麵衣也淋上肉片一起煎。

基本食譜
材料（4人份）
薑汁燒肉用肉片…300克
上述材料製成的麵衣
麵粉、鹽、胡椒…各適量
沙拉油…4大匙

作法
1 切掉豬肉片的筋，撒上鹽、胡椒、麵粉。
2 把材料中的麵衣攪拌均勻，裹在步驟1上。
3 沙拉油倒入平底鍋中加熱，放進步驟2兩面煎熟。
4 盛盤後放上配菜。

起司鍋

適合冬天的濃郁滋味

材料（4人份）

披薩用綜合起司…400克
大蒜…1瓣
白酒…1杯
胡椒…少許
肉豆蔻…少許
紅椒粉…少許

作法

將大蒜切半，切口部分往鍋內摩出味道。倒入白酒以小火煮沸，加進起司攪拌使其溶化，並放入黑胡椒、肉豆蔻、紅椒粉調味。可以把法國麵包切成小塊或以蔬菜沾起司享用。

起司豬肉白菜鍋

經典白菜鍋搭配起司

材料（4人份）

湯底
- 法式清湯…4杯
- 鹽…2/3小匙
- 胡椒…適量

卡芒貝爾起司…1個
粗粒黑胡椒…適量

作法

將白菜和豬肉反覆重疊的放入鍋裡，倒入湯底加熱。等白菜煮軟後，將食材推至鍋邊放入起司，起司煮軟後撒上黑胡椒即可。

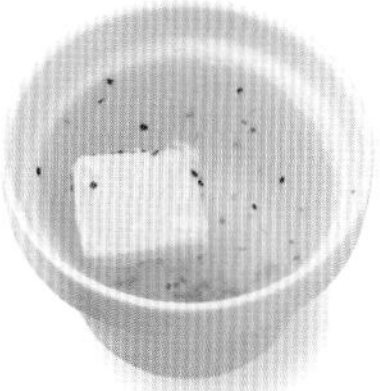

鹽味奶油鍋

簡單香醇的火鍋

材料

奶油…40克
蒜泥…1/2大匙
湯底
- 雞骨高湯…2杯
- 米酒…1杯

鹽、粗粒黑胡椒…各適量

作法

將一半的奶油放進土鍋中溶化炒香蒜泥，加入湯底。以鹽和粗粒黑胡椒調味，放入喜歡的食材燉煮。最後把剩下的奶油放入即可。

焗烤洋蔥湯

炒洋蔥的鮮甜和濃郁的起司最搭

材料（4人份）

洋蔥絲…4個份
沙拉油…6大匙
湯底
- 高湯塊…1個
- 水…2杯
- 醬油…2小匙
- 鹽…2/3小匙
- 胡椒…少許
- 醬油…2小匙

起司粉…80克
法式麵包切片…4片

作法

沙拉油倒入鍋裡加熱，炒洋蔥約20分鐘。把洋蔥移到鍋裡，倒入湯底煮沸後，再轉小火煮約5分鐘，移到耐熱容器裡。淋在法式麵包片上，再撒一些起司，放入烤箱裡烤約7分鐘。

洋蔥優格湯

酸甜清爽的湯品

材料（4人份）

洋蔥末…1/2個份
蒜末…1/2瓣份
法式清湯…2.5杯
原味優格…1小杯
橄欖油…少許

作法

加熱橄欖油，炒香洋蔥和大蒜。待洋蔥炒軟後加入法式清湯煮約15分鐘，再放入優格稍煮一會兒就可以關火。

優格冷湯

食慾不振的首選

材料（4人份）

原味優格…300克
礦泉水…150毫升
特級初榨橄欖油…2小匙
蒔蘿末…1小匙
蒜泥…1小匙
鹽…1小匙

作法

所有材料攪拌混合均勻，放入切成小丁的小黃瓜更加美味。

優格可以煮湯？

加小黃瓜泥製成的優格冷湯，是保加利亞夏天必喝的湯品，味道清爽可口，最適合在炎熱沒有食慾的夏天享用。

起司醬

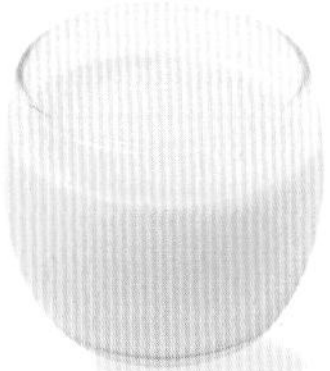

搭配水果

甜點奶油起司醬

材料（易做的量）

奶油起司…50克
砂糖…15克
白蘭地…2小匙
鮮奶油…125毫升

作法

奶油起司以微波爐稍微加熱變軟。加入白蘭地、砂糖以打蛋器攪拌均勻，慢慢加入鮮奶油與所有材料混合拌勻即可。

豐富的葡萄酒香

蛋料理起司醬

材料（歐姆蛋捲4個份）

加工起司…60克
白酒…4大匙
香艾菊（Tarragon）…適量
鹽…少許
胡椒…少許

作法

用鍋子加熱白酒，加入切成小塊的起司。起司溶化後加鹽、胡椒和撕成小片的香艾菊，最後淋在歐姆蛋捲上。

以西式醬料重現麻糬魅力

麻糬起司醬

材料（麻糬2個份）

奶油…1/2大匙
奶油起司…40克
砂糖…1/2大匙
牛奶…1小匙
蛋黃…1小匙

作法

把蛋黃之外的材料放入耐熱容器裡，用微波爐加熱20~30秒。以湯匙充分攪拌至滑順，最後加入蛋黃。可以沾烤好的麻糬一起享用。

蜂蜜的溫和甜味是關鍵

蔬菜料理起司醬

材料（易做的量）

蜂蜜…2大匙
白酒醋…6大匙
橄欖油…1大匙
鹽、胡椒…各適量
起司粉…6大匙

作法

將所有材料攪拌混合均勻，可當成蒸蔬菜的沾醬。

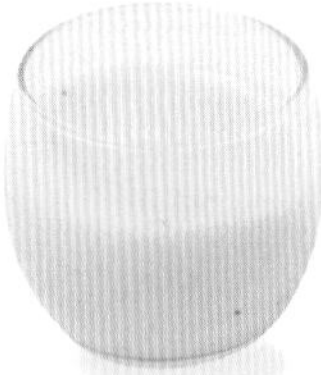

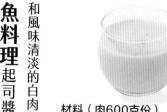

和風味清淡的白肉魚很搭

魚料理起司醬

材料（魚4片份）

披薩用綜合起司…2片
太白粉…1/2小匙
白酒…1/4杯
牛奶…1/4杯
胡椒…少許

作法

在容器中放入起司和太白粉，倒入白酒以微波爐加熱1分鐘左右。再放入牛奶和胡椒，微波約30秒，等醬汁變得稍硬且濃稠後，再加牛奶稀釋。

清新的檸檬香

肉類起司醬

材料（肉600克份）

藍紋起司…40克
檸檬汁…1大匙
胡椒…少許

作法

把起司捏碎放入鍋子裡，加檸檬汁和胡椒以小火加熱，煮到起司溶化。可以淋在煎好的羊肉或豬肉上。

起司醬的各種搭配方式

肉類

特殊氣味濃烈的藍紋起司胡椒醬，適合搭配重口味的肉類料理。

魚類

加了白酒的醬料和白肉魚非常搭配，有微波爐就能輕鬆完成。

蔬菜類

加上起司粉的醋可以當成淋醬使用，醬料清爽，可以充分享受蔬菜原本的風味。

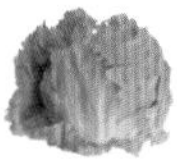

蛋類

可以為平常的歐姆蛋捲搭配上蛋料理起司醬，即可瞬間升級成奢華美味，而香艾菊這種香草植物和雞蛋料理就是個絕配。

Food for Dashi

味道來源的食材

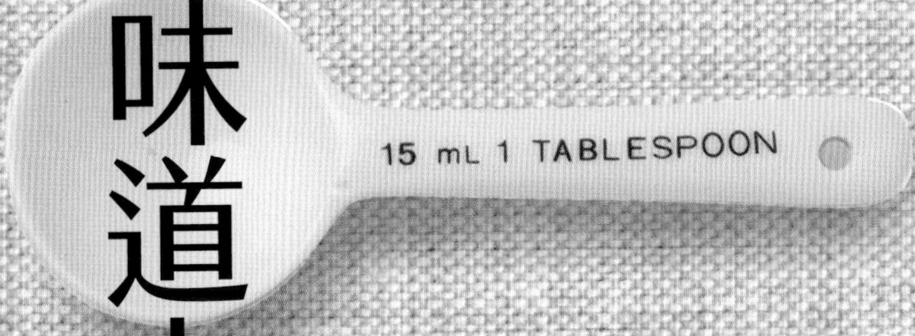

大蒜

有多種功效

據說古埃及時代在建造金字塔時，會發大蒜給工人當作營養補給品。大蒜是一種具有刺激性味道、能消除疲勞，促進血液循環、防止血栓，具有抗菌功能、預防癌症和增加體力效果的食材。

中式的拌炒類料理常可見到大蒜，燉煮類料理時，大蒜更是不會缺席，大蒜可說是任何中式料理中都會使用的調味品。大蒜香氣的強度會依照顆粒的大小漸增，也就是整顆大蒜的香氣最弱，壓碎的大蒜、蒜片、蒜末和蒜泥之中，蒜泥的蒜香最強，可依照料理的需求搭配使用。

選擇方式、種類

除了新鮮的大蒜，還有軟管包裝的蒜泥、粉狀的蒜粉等，也可以運用容易保存的加工品。

軟管包裝的大蒜

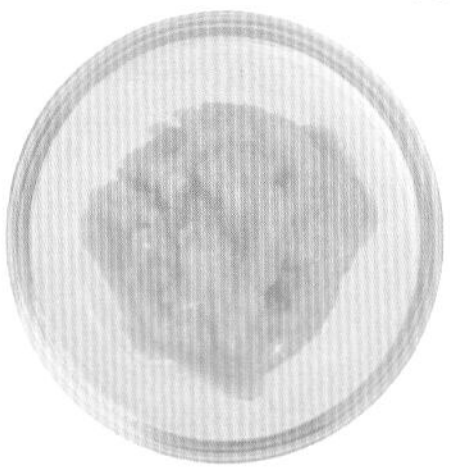

已是磨成泥的狀態，香氣強烈且濃郁，要酌量使用。

蒜粉

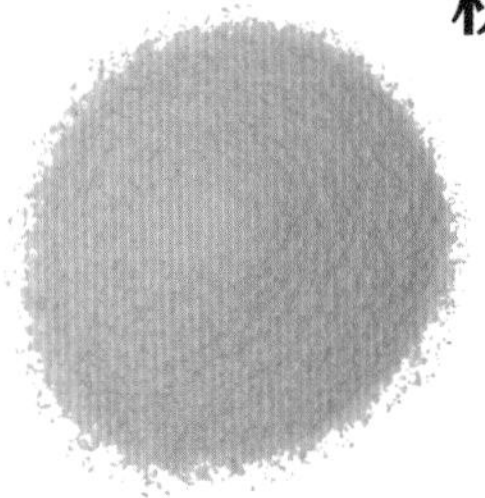

將大蒜乾燥後磨成粉狀的產品，和奶油攪拌混合使用也很美味。

磨成泥後放置片刻再使用

大蒜中含有具抗氧化功效的物質大蒜素（allicin），接觸空氣後，大蒜素的活動會更加明顯且活躍，所以建議磨好蒜泥後，可以靜置一段時間再使用。

大蒜油

可搭配義大利麵、油醋醃漬的萬用油

材料（易做的量）

橄欖油…1/2杯
大蒜…50克

作法

將橄欖油放入鍋中，以中火慢慢加熱切成薄片的大蒜到蒜片上色。放涼後蒜油連同大蒜一起放入保存容器中以室溫保存，完成後可以馬上使用。

大蒜麻油

香氣豐富的油

材料（易做的量）

蒜末…1/2個份
麻油…1/2杯

作法

將所有材料攪拌混合均勻，可淋在中式沙拉上或用來炒菜。

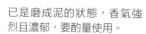

恰到好處的鹹味讓蔬菜更美味
義式溫沙拉醬

材料（易做的量）
醬汁
- 大蒜…10瓣
- 鯷魚…10片
- 橄欖油…100毫升+2大匙

Memo
義式溫沙拉醬在冬天可以熱熱的吃，夏天可以放涼後食用。可預先準備喜愛的蔬菜、生食或蒸過、煮過的蔬菜搭配食用。

基本食譜

材料（4人份）
喜歡的蔬菜
- 紅蘿蔔、菊苣（Chicory）
- 芹菜、青花菜等

上述的醬料

作法
1. 將製作醬料的大蒜每5瓣一包以保鮮膜包好，微波加熱30秒後再用叉子壓碎。鯷魚以菜刀剁成碎末。
2. 將步驟1和橄欖油一起放入耐熱容器中，以保鮮膜包好微波加熱約30秒。
3. 將喜愛的蔬菜切成適合食用的大小，淋上醬料後即可享用。

下飯的美味
大蒜味噌醃床

材料（易做的量）
味噌…500克
酒…1/3杯
大蒜…1顆

作法
將整顆大蒜切成1/4並去芯，在容器中一起放入其他材料並充分攪拌均勻，再移到密閉容器中冷藏。可以用來醃漬蔬菜和肉類。

提味的山葵
大蒜醬油

材料（易做的量）
大蒜…適量
醬油…適量

作法
切除大蒜的根部後去皮，放進保存容器裡。加入剛好淹過大蒜粒程度的醬油後蓋緊瓶口。可以用在炸物或炒菜上。

材料簡單立刻完成
簡單義式溫沙拉醬

材料（易做的量）
大蒜…10瓣
牛奶…1杯
鹽、胡椒、橄欖油…各少許

作法
大蒜切半後反覆水煮5～6次，再倒入剛好淹過大蒜的牛奶煮20～30分鐘後，和牛奶一起過濾壓碎成泥，最後加入鹽、胡椒、橄欖油調味即可。

可以馬上使用
即食大蒜味噌

材料（易做的量）
大蒜…1個
味噌…3大匙
砂糖…2大匙
醬油…1大匙
酒…1大匙

作法
將大蒜連皮一起放入微波爐加熱1分30秒後，剝除蒜皮，以叉子壓碎，再與其他食材充分混合攪拌均勻即可。可當炒醬使用，讓拌炒料理香氣四溢。

薑

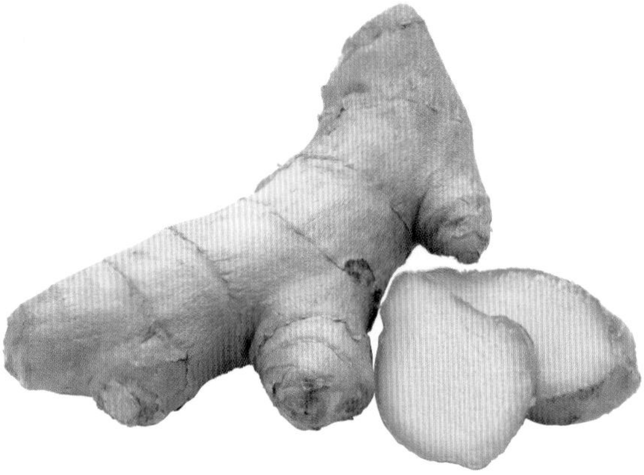

暖和身體的薑

薑是一種能促進新陳代謝、暖和身體的食材，大受人們歡迎。現在市面上也時常看到薑茶、薑餅、蜂蜜薑汁飲品、薑汁雞尾酒等多種含有薑的商品。

薑有特殊的辣度和香氣，自古以來常拿來當成藥物和香辛料使用，也因為薑有去除魚腥味的功能，在日式料理中是不可或缺的食材，刺激辛辣的口感也很適合當下酒的小菜。

選擇方式、種類

可以暖和身體的薑，能簡單買到許多相關調味料和加工產品，可以多方嘗試。

軟管包裝的薑

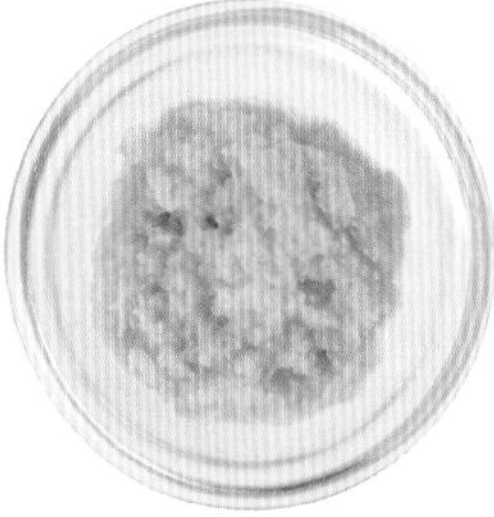

可以立即使用的薑泥，用來炒菜或涼拌都很方便。

薑粉

可以加在湯品或紅茶等飲料中，混合在天婦羅的調味鹽裡也很美味。

基本甜醋漬

甜醋漬薑

材料（薑2塊份）

甜醋
- 醋…1杯
- 砂糖…1/2小杯
- 鹽…1小匙

基本食譜

材料（易做的量）

薑片…2大塊份
上述材料中的甜醋

作法

1 把甜醋的材料全部放入鍋中煮沸後放涼。

2 用大量熱水煮薑約1分鐘後，撈起放在篩網上瀝乾。

3 在保存容器中放入步驟2的薑，再倒入步驟1的甜醋，醃漬一個晚上。

可以搭配鮭魚或牛肉等西式壽司捲

西式甜醋薑

材料（易做的量）

調和醋
- 白酒醋…3大匙
- 蜂蜜…1小匙
- 鹽…2/3小匙
- 胡椒…少許
- 蜂蜜…2小匙

作法

將製作調和醋的材料全倒進小鍋裡，以小火加熱混合拌勻。加入蜂蜜，在煮滾之前關火放涼。參考基本食譜做甜醋漬薑。

溫暖身體的糖漿

黑糖薑汁

材料（易做的量）

薑片…1包份
水…1.5杯
紅辣椒（去籽）…1根
黑糖…1杯

作法

在鍋裡放入薑、水、紅辣椒加熱，煮滾後以小火再煮10分鐘。加入黑糖充分拌勻，煮到黑糖完全溶解，放涼後倒入保存容器內存放。可以加在紅茶裡，也可運用在料理上。

薑能減少魚腥味

薑燉魚

材料（沙丁魚8尾份）

調味料

- 薑絲…2塊份
- 醬油…3大匙
- 味醂…2大匙
- 砂糖…1大匙
- 醋…1大匙
- 酒…1/2杯
- 水…1.5杯

Memo

汆燙秋刀魚時，可以在熱水中加醋去腥。

基本食譜

材料（4人份）

沙丁魚…8尾

上述材料製成的調味料

作法

1 去除沙丁魚的頭和內臟後洗淨，將水分擦乾。

2 將製作調味料的材料，沙丁魚放入鍋內，加蓋燉煮約20分鐘。

用在事先醃漬肉品上

薑鹽

材料（易做的量）

薑泥…1大匙

鹽…3大匙

作法

充分攪拌混合均勻。

薑的特殊香氣能促進食慾

魚香醬汁

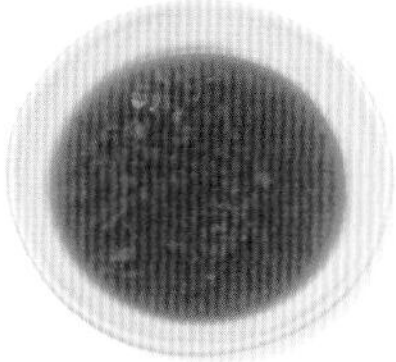

材料（魚4片份）

薑末…1/3杯

白酒…1/4杯

味醂…1大匙

醬油…1大匙

橄欖油…1大匙

作法

以平底鍋加熱橄欖油後炒香薑末。待香氣釋出後把其餘的調味料依序放入，煮沸後關火即可。

清爽的汆燙豬肉沾醬

薑汁汆燙豬肉

材料（豬肉250克份）

醬油…1/2杯

酒…6大匙

米醋…6大匙

薑末…2大匙

蒜末…2大匙

麻油…2大匙

胡椒…少許

作法

將醬油和酒放入鍋中煮沸，關火後加入其餘材料。可放入以鹽水煮過的豬肉醃漬。

薑味十足的經典料理

時雨煮

材料（牛肉300克份）

滷汁

- 薑絲…2塊份
- 酒…1/4杯
- 醬油…1/4杯
- 砂糖…1大匙
- 味醂…1大匙

作法

將滷汁放入鍋中煮沸，加入牛肉汆燙。以材料中的滷汁調味，一邊煮一邊拌勻使其入味。

適合冬天享用的燉菜

薑汁燉根莖類蔬菜

材料（根莖類蔬菜300克份）

滷汁

- 薑…100克
- 酒…1杯
- 雞骨高湯…1杯
- 鹽…1小匙

作法

薑切成適當的大小後壓碎，把滷汁的材料倒入鍋中煮滾，放進食材燉煮約20分鐘，再以鹽調味。

薑的功能

薑能使肉質柔嫩且有去除魚腥味的效果，可以運用在燉煮料理或事先處理食材上。

辣椒

耐熱的辣味食材

辣椒的特點是辛辣成分非常耐熱，也因為辣椒素具有脂溶性的特點，十分適合在炒菜時使用。

辣度的調整

辣椒的辣味主要來自於辣椒內側，若想降低辣度，可以去籽後再使用。此外，辣椒切得越碎、磨得越細，辣度也會增強。

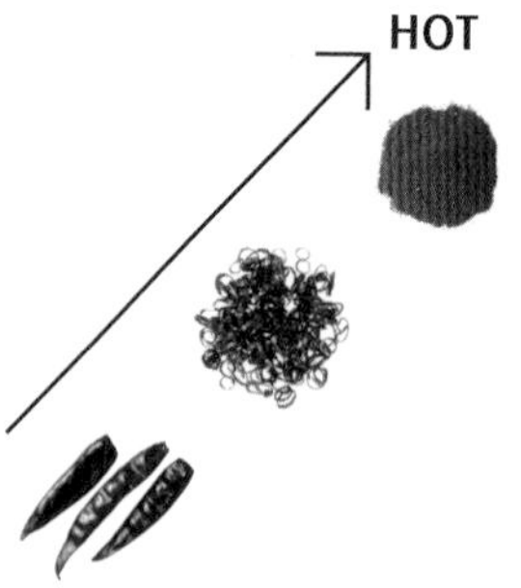

甜椒也是辣椒的一種

除了作為香辛料使用的紅辣椒之外，也有成熟前可食用其青色果實的青辣椒。另外還有青椒、甜椒等不具辣味的品種。

辣椒越成熟越紅。

辣椒素的力量

世界各國皆有許多運用辣椒辣味的料理，辣椒的辣味來自於「辣椒素」，它能刺激腦細胞、促進新陳代謝、燃燒脂肪、增進血液循環和預防肥胖。

韓國女性雖然食量很大，但仍能保持苗條身材，據說是大量攝取泡菜的緣故。日本媒體也常報導辣椒減重的功效，但真實性眾說紛紜。

以用量調整辣度

早在西元前，中南美洲高山地區已開始種植辣椒，直到十五世紀後期，哥倫布將辣椒帶回西班牙後，才廣泛流傳到世界各地。雖然辣椒何時傳入日本存在各種說法，但最有力的一說是，辣椒在室町時代後期傳入日本。

日本的辣椒以其辛辣特色而著名，能夠運用在各種料理中，即使少量加入也能為菜餚增添口感。若大量加入，更是辣度遽增。另外，由於辣椒具有耐熱的特性，可以先用油慢慢爆香，將辣味溶於油中，再進行料理。

選擇方式、種類

以不同的方式加工辣椒，其用途便各有差異。越細碎的辣椒製品越容易感受到辣度，需小心使用不要過量。

青辣椒

建議搭配料理
炒菜

未成熟的果實。多當成新鮮蔬菜販售。

辣椒絲

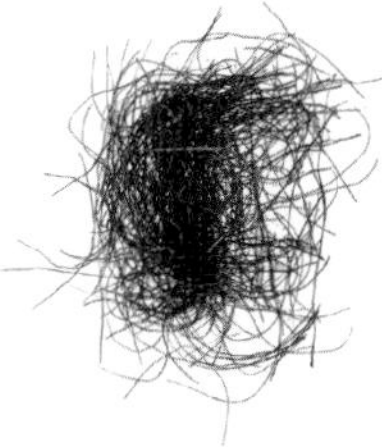

建議搭配料理
料理擺盤

將辣椒切成細絲，有華麗感，常用在擺盤裝飾上。

鷹爪（紅辣椒）

建議搭配料理
義大利麵
燉煮料理

乾燥辣椒的代表，因外型像老鷹的爪子而有「鷹爪」之稱。

辣椒粉

建議搭配料理
泡菜

用來醃漬或當餐桌上的調味料。不同國家生產的辣椒粉，辣度和粉末的顆粒大小都有所差異。

自製辣油

材料（易做的量）
韓國粗粒辣椒粉…3大匙
麻油…9大匙
花椒（粗碎末）…20粒

作法
1 在平底鍋內倒入麻油加熱到150度，放入花椒。
2 慢慢加熱至花椒釋出香氣。
3 加入辣椒粉。注意要使用顆粒粗的產品。
4 快速攪拌與油混合後，把鍋子移開。
5 馬上倒入保存容器中避免餘熱產生焦味。

香辣滷雞翅

辣滷味

材料（雞翅16支份）
沙拉油…2大匙
紅辣椒…20根
酒…1杯
味噌…４大匙
水…1杯

作法
將沙拉油倒入鍋中加熱，拌炒辣椒和雞翅。待香味釋出後加入其餘材料。煮沸後轉小火，加蓋再燉煮約30分鐘。

東南亞風辣味淋醬

辣度鮮明的清爽風味

材料（易做的量）
紅辣椒末…3根份
蒜末…1瓣份
魚露…1/4杯
檸檬汁…1/2杯
砂糖…1/2杯
麻油…1大匙
胡椒…少許

作法
將所有材料攪拌混合均勻，放入保存容器中。除了可當沙拉淋醬使用外，拿來當炸雞沾醬或淋在炒米粉上也很好吃。

以萊姆代替檸檬

以萊姆代替檸檬汁，香氣會更道地！萊姆比檸檬含有更多檸檬酸，對消除疲勞很有幫助。

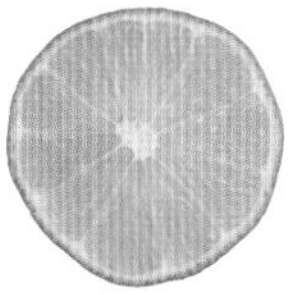

柚子胡椒

兼具清新香氣和辣味

柚子胡椒是混合辣椒、柚子果皮和鹽的調味品。有綠皮柚子加青辣椒製成的青綠色柚子胡椒，以及黃皮柚子加紅辣椒製成的橘紅色柚子胡椒兩種。雖然名稱裡有「胡椒」兩字，但成分裡並沒有添加胡椒。

柚子胡椒是九州地區特產，但作為香辛料和料理提味的功能早已普及全日本。市面上可看到玻璃瓶裝或是軟管包裝的產品，能當成火鍋沾醬，用來醃漬或拌炒義大利麵、沙拉等。

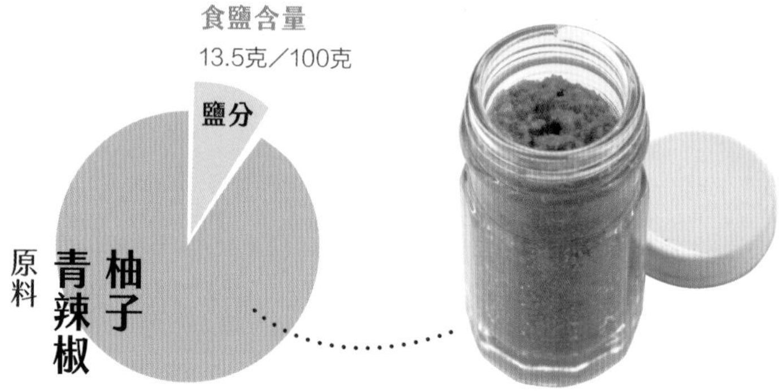

柚子胡椒鍋

清新香氣、暖和身體的火鍋

材料（4人份）

鍋底

- 昆布高湯…1.8毫升
- 酒…1/2杯

調味料

- 柚子胡椒…2大匙
- 醬油…1大匙
- 砂糖…1小撮
- 鹽…少許

作法

將鍋底調好，把不容易煮熟的食材先放入鍋中加熱煮軟，再放入調味料和短時間即可煮熟的食材到鍋內煮熟即可享用。

柚子胡椒燒烤

兼具香氣和辣度的美食

材料（肉600克份）

醃漬醬汁

- 醬油…4大匙
- 酒…4大匙
- 胡椒…少許
- 柚子胡椒…2～3大匙

作法

以醃漬液浸泡肉片，一面塗上柚子胡椒後放進預熱過的烤盤燒烤，可以用羊排。

七味辣椒粉

日式混合香辛料

據傳七味辣椒粉誕生於江戶時代初期，位於現在東京都的兩國橋附近，是醫師和藥品批發商聚集之地，他們從中藥的調配方式中獲得靈感，進而有七味辣椒粉的出現。每個地方的七味辣椒粉配方都有些不同，主要是紅辣椒、罌粟籽、橘皮、芝麻、山椒、大麻籽、青海苔、薑、油菜籽等一些對健康有益的食材。七味辣椒粉能降低酸味，有讓料理風味更具層次的優點，深受許多成人的喜愛。

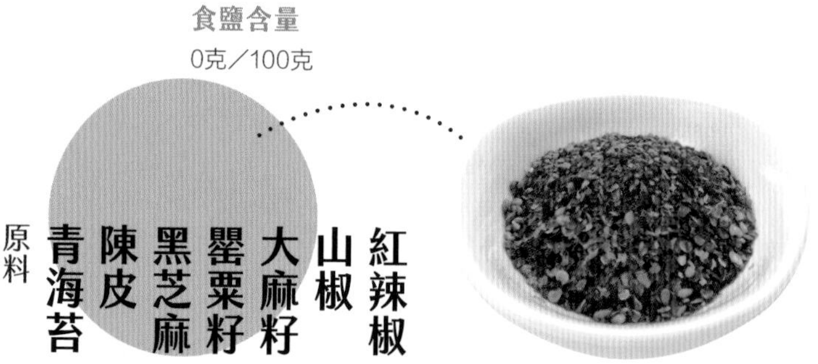

七味鱈魚卵

麻油讓味道更香醇

材料（易做的量）

鱈魚卵…50克
麻油…1小匙
七味辣椒粉…1/4大匙

作法

去除鱈魚卵的外膜，取下其中的卵攪散與其餘材料混合。可以放在煎熟的油豆腐上或當成飯糰的餡料都很美味。

七色柚子胡椒

味道香醇易入味

材料（易做的量）

柚子皮磨泥…1大匙
七味辣椒粉…1大匙
鹽…1小匙

作法

將所有材料放進研磨缽裡充分攪拌磨勻。可以搭配烤雞肉串，也可撒在烏龍麵裡都很好吃。

塔巴斯科辣椒醬

具刺激性的酸辣味

市面上常見到使用在披薩或義大利麵上的塔巴斯科辣椒醬，並不是來自義大利，而是源自美國。塔巴斯科辣椒醬在昭和二十年（西元一九四五年）時傳入日本，是一款歷史尚淺的西式辣醬。將成熟的紅辣椒研磨搗碎，加上鹽和醋醃漬浸泡再放入木桶中發酵熟成約三年的時間，便可製成此種辣醬。因為酸辣的特性，塔巴斯科辣椒醬可以降低料理的油膩感，讓風味更鮮明、更有層次，也可以提味，市面上有多款辣度的產品可供選擇。

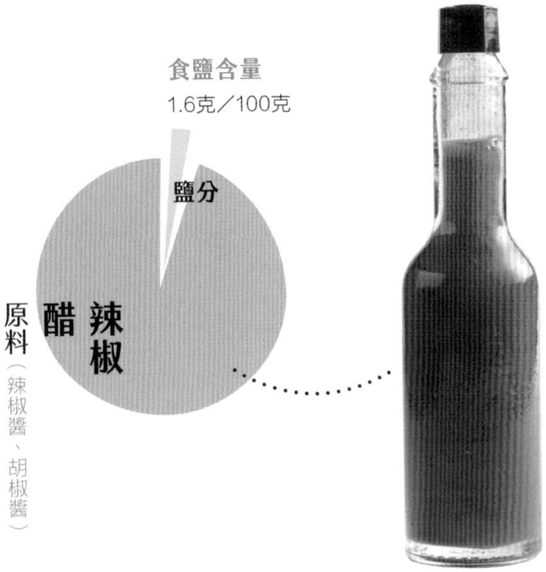

莎莎醬

材料（4人份）

番茄切丁…2個份
洋蔥末…1/2個份
橄欖油…2大匙
檸檬汁…1大匙
塔巴斯科辣椒醬…2小匙
鹽、胡椒…各少許
巴西利末…少許

作法

將所有材料攪拌混合均勻。

甜味莎莎醬

富含水果甘甜的溫和美味

材料（4人份）

塔巴斯科辣椒醬…1大匙
鳳梨…100克
檸檬汁…2大匙
薑末…2小匙
薄荷末…適量
洋蔥末…1/4個份
蜂蜜…1小匙
鹽…少許

作法

將所有材料攪拌混合均勻。

什錦手抓飯

適合夏天的辣味燉飯

材料（4碗飯份）

番茄醬…4大匙
咖哩粉…2小匙
塔巴斯科辣椒醬…2小匙
鹽、胡椒…各少許

作法

將喜愛的食材一起和米飯拌炒，像洋蔥或番茄等，再以材料中的醬汁調味。可以搭配荷包蛋享用。

什麼是手抓飯？

手抓飯（Jambalaya）是一種類似西班牙海鮮飯、什錦飯的西式辣味炊飯，屬於美國的肯瓊（Cajun）料理。傳統的作法是以炊煮的方式來烹調，用炒飯的方式製作也很美味。

山葵

日式香辛料的代表

山葵是原產於日本、世界知名的香辛料，從江戶時代初期就用來作蕎麥麵的佐料。山葵的日語稱為「本山葵」，意為「真正的山葵」。市售軟管包裝的山葵泥或粉狀山葵的主要原料則是稱為「辣根」的「西洋山葵」。

山葵有去除魚類油膩感和腥臭味的功效，且辛辣的成分具有殺菌、防止腐壞的功能，可有效預防食物中毒，能用在生魚片、鰻魚或鮒仔魚上。除了魚類之外，也可加在豬肉炒洋蔥等拌炒類料理中。

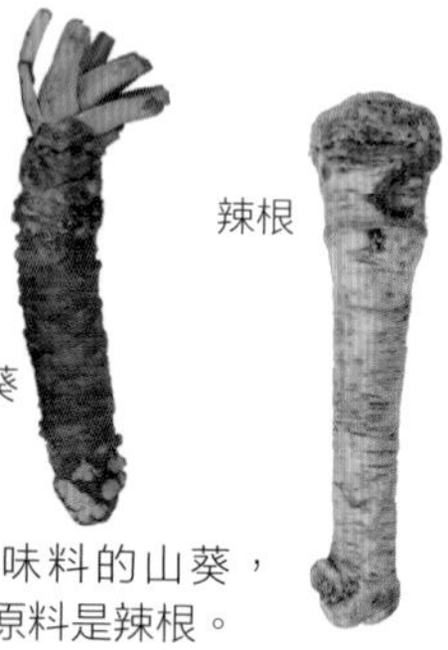

作為調味料的山葵，其主要原料是辣根。

清爽的燉煮料理
山葵燉蔬菜雞肉

材料（青菜2把、雞肉150克份）

醬汁

- 高湯…2杯
- 酒…1大匙
- 鹽…1/2小匙
- 山葵…1小匙
- 青紫蘇切絲…適量

作法

把醬汁煮滾加入雞肉，以鹽調味後放入青菜。關火後把山葵溶入湯汁裡，盛盤以青紫蘇裝飾。

清爽的涼拌料理
山葵醋

材料（易做的量）

山葵泥…適量
高湯…2大匙
醋…2大匙
薄口醬油…1/2大匙
鹽…少許

作法

除了山葵之外的材料都充分攪拌混合均勻，山葵則與食材拌勻即可。建議可搭配土當歸或蝦子。

和風芥末

嗆鼻的黃色香辛料

帶有嗆辣風味特色的和風芥末與山葵的用法相同，都是提味的香辛料，其原料來自十字花科的芥菜種子。一般家庭通常使用軟管包裝的和風芥末醬較為方便，但想要刺激辛辣的口感時，便需要花點時間，以粉狀的和風芥末加水調勻後再使用。

和風芥末通常會搭配納豆、關東煮、燒賣、炸豬排、日式醋味噌芥末涼拌等料理一起食用，也可以稍作變化與美乃滋拌勻做成西式醬料。

美味且富口感的根莖類燉菜
和風芥末燉牛肉蔬菜

材料（牛肉150克、根莖類蔬菜400克份）

湯底

- 高湯…1.5杯
- 薄口醬油…2.5大匙
- 砂糖…1.5大匙

和風芥末…2大匙
沙拉油…1大匙

作法

將食材切成適合食用的大小後以沙拉油拌炒，加入湯底後不加蓋，讓水氣一邊蒸發一邊煮滾，最後加入和風芥末拌勻即可。

可搭配南瓜或紅蘿蔔
和風芥末蔬菜燒烤

材料（南瓜1/4個份）

燒烤醬

- 和風芥末…2小匙
- 醋…1大匙
- 醬油…1小匙

橄欖油…1大匙

作法

將南瓜切成適合食用的大小後，淋上橄欖油加蓋煎熟，再淋上燒烤醬稍微煎過使其入味即可。

黃芥末醬

溫和的酸辣風味

原產於日本的芥末為和風芥末，西式芥末（Mustard）就是外表為黃色的黃芥末，兩者的差異在於種子品種和製造過程有所不同。黃芥末不像和風芥末具有嗆鼻的刺激性，揮發性較弱，辣度也較為溫和。此外，黃芥末在製造過程中通常會添加醋，所以會有一點酸味。

黃芥末醬具耐熱的特性，能減少食材的油膩感，適合用來做燒烤料理，也可以用在醋漬或醃漬蔬菜、魚肉類等食材上。有些黃芥末醬裡保留著芥末籽的顆粒，適合搭配火腿、香腸或燒烤牛肉等料理一起享用。

適合搭配烤魚的簡單醬料

黃芥末烤魚

材料（魚4片份）

燒烤醬
- 顆粒黃芥末醬…4大匙
- 蛋黃…2個份
- 美乃滋…1/2杯

基本食譜

材料（4人份）

生鮭魚…4片
上述材料中的燒烤醬
鹽、胡椒…各適量
依個人喜好…
- 水煮過的甜豌豆

作法

1 在生鮭魚片上撒鹽和胡椒後放置一會兒，再擦掉水氣。
2 將步驟1兩面烤熟後，抹上燒烤醬再烤1～2分鐘。
3 將步驟2盛盤，依個人喜好可搭配甜豌豆享用。

黃芥末的酸味令人上癮

黃芥末炒雞肉高麗菜

材料（雞肉360克、高麗菜300克份）

蒜泥…少許
白酒…2大匙
調味料
- 鹽…少許
- 胡椒…少許
- 顆粒黃芥末醬…3大匙

沙拉油…1大匙

作法

以沙拉油拌炒雞肉和高麗菜，加入白酒和大蒜煮到水份蒸發後，再加入調味料拌勻即可。

香醇美味燉煮料理

黃芥末燉豬肉高麗菜

材料（豬肉500克、高麗菜1/3個份）

法式清湯…2又1/4杯
白酒…1/4杯
顆粒黃芥末醬…1大匙
鹽…2小撮
橄欖油…1大匙

作法

在豬肉上灑鹽後以橄欖油加熱，淋上白酒煎到酒精蒸發。再倒入法式清湯和高麗菜一起燉煮，最後加進顆粒黃芥末醬調味再稍加燉煮即可。

風味多樣的淋醬

黃芥末淋醬

材料（易做的量）

顆粒黃芥末醬…1大匙
砂糖…1小匙
白酒醋…2大匙
橄欖油…5又1/3大匙
鹽、胡椒…各少許

作法

依照上述材料的順序混合攪拌調味料，橄欖油分次少量慢慢加入混合均勻即可。

乾貨

乾魷魚

中式料理中會使用干貝或乾魷魚熬製高湯。

乾燥的干貝

關於鮮味

食物由甜味、酸味、鹹味、苦味、鮮味五種味道所構成。因「鮮味」一詞是從日本料理中發現的味道，所以日文うまみ（Umami）一詞已成為全世界共通的用語。

鮮味調味品

「鮮味調味品」是以甘蔗和玉米為原料混合製成，再加上烘烤乾燥的柴魚塊、昆布等磨製的粉末或萃取出的精華，製成「柴魚風調味料」或「昆布風調味料」。

乾燥是保存食物的最佳方式

在盛產季節品嘗的魚類、海鮮和蔬果總是特別美味。古代的人們為了長期保存美味的當令食材，想出了乾燥保存的方法。去除水分、乾燥食材這種簡單的保存方式有許多優點，像是作法簡單容易不繁瑣，乾貨的重量比原來食材輕且體積小，鮮度、香氣和營養成分也比原本食材多，還能在室溫下保存等。乾貨有這麼多優點和附加價值，所以也能理解全世界都有乾燥食材的文化。

濃縮鮮味和營養！

在所有乾貨中，昆布、柴魚和小魚乾是日本料理中熬煮高湯不可缺少的食材，高湯的鮮美成為決定料理風味的關鍵。不妨花點工夫充分認識以傳統方法熬煮高湯的鮮美風味後，再依個人時間安排區分使用市售的濃縮高湯塊等產品。

乾燥香菇具有獨特的香氣和鮮甜，還含有豐富的食物纖維和促進鈣質吸收的維生素D。在料理時，也可善加運用泡軟乾香菇的香菇水。

小魚乾裡富含比新鮮小魚更多的鐵質和鈣質，是預防生活習慣病和維持身體健康的絕佳食材，應該積極攝取。其他的乾貨也常常在家庭料理中發揮重要的功能，是令人信賴又對健康有益的優良食材。

選擇方式、種類

除了常見的柴魚和昆布之外，其他乾貨也含有豐富的鮮味成分。依料理的種類選擇使用，更可增加料理風味的層次和深度。

昆布

將昆布浸泡在水中即可取得高湯，和柴魚一起使用鮮美程度倍增。

建議搭配料理
燉魚

白蘿蔔乾

用水泡軟當成食材使用；浸泡過的水含有鮮味成分，也可以作為高湯。

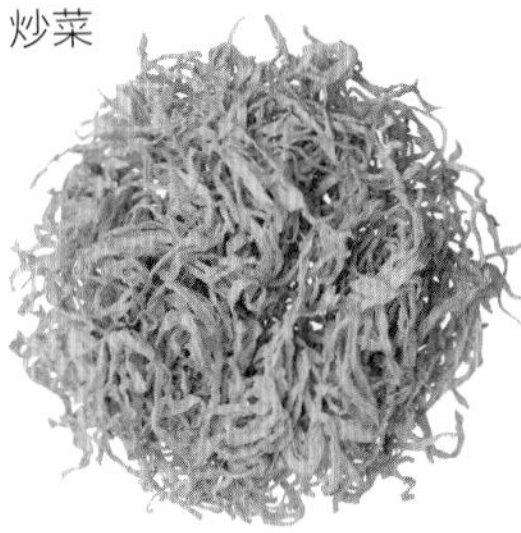

建議搭配料理
炒菜

柴魚片

和風料理的基本高湯食材，放進熱水中即可萃取高湯。

建議搭配料理
蔬菜或肉類的燉煮料理

乾香菇

乾香菇是素食料理中萃取高湯不可缺少的食材，中式料理中也很常見。

建議搭配料理
中式料理
素食高湯

小魚乾

可以萃取出帶有獨特香氣的鮮美高湯，適合搭配味噌湯。

建議搭配料理
味噌湯

乾貨是以前的珍貴食材

日本在江戶時代進行鎖國的時期，會從長崎出口大量的乾貨，其中乾燥的鮑魚、海參和魚翅等三種物品被稱為「俵物三品」，是與中國貿易的重要食材。現在，中國比日本更常在中式料理中使用到這些高級食材。「俵物」即是乾貨，當時將要出口到中國的乾貨裝進以稻草製成的包裝裡，而有「俵物」之稱。

在冷藏和冷凍的技術皆不發達的年代，乾貨在當時人們的心中無疑是一種非常珍貴的食材。

使用方式

以乾貨萃取高湯後用來燉煮或熬湯外，還可將泡軟的乾貨切成絲，加在食材裡面一起炒更能增添風味。柴魚片可以在料理完成前直接擺在料理上即可。

料理效果

同時搭配使用不同的乾貨，可以達到美味倍增的效果。想要提升料理的鮮美程度時，可以試著將下表左側的食材搭配上右側的食材。

含柴魚鮮味成分的食材	含昆布鮮味成分的食材
肌苷酸 Inosinic acid	麩胺酸 Glutamate
柴魚塊	昆布
小魚乾	香菇
乾香菇	貝類
乾魷魚	花枝
比目魚	番茄
鯛魚	馬鈴薯
鯖魚	白菜
豬肉	生火腿
雞肉	雞骨

富含兩種鮮味的食材
沙丁魚、蝦子、牛

保存方法

避免存放在高溫潮濕的地方，需放進密閉容器中保存。萃取高湯後冷凍保存，使用上較為便利。也可以將高湯倒入製冰盒裡做成高湯冰塊，更方便使用。

基本的高湯

日式料理的基礎 一番高湯

材料（易做的量）
水…2杯
高湯昆布…3克
柴魚片…6克

作法
將昆布和水放進鍋中以小火加熱，待冒出氣泡後立即取出昆布，再放入全部的柴魚片。等鍋中開始沸騰時關火，靜置1～2分鐘後過濾即可。

適合味噌湯或燉煮料理 二番高湯

材料（易做的量）
製作一番高湯的昆布和柴魚片渣
水…1杯

作法
將所有材料放入鍋中加熱，以小火煮約3～4分鐘後過濾即可。

味噌和高湯

味噌的鮮美和柴魚片、小魚乾的鮮甜是具有相乘效果的絕佳組合。在化學理論尚未發達的年代，每次都讓人喝得碗底朝天的味噌湯，其實是最符合化學作用的最佳搭配。

可用在湯豆腐或素食料理中 昆布高湯

材料（易做的量）
水…2杯
高湯昆布…6克

作法
將昆布和水放進鍋中泡半天以上，以小火加熱，待冒出氣泡沸騰後即可過濾使用。

可用在烏龍麵湯底或味噌湯上 小魚乾高湯

材料（易做的量）
水…2杯
小魚乾…去除頭部和內臟6～8克

作法
將小魚乾浸泡在水中5分鐘以上，以中小火加熱，沸騰後轉小火並撈除浮沫再煮2～3分鐘後過濾。

搭配燉蔬菜或清湯 素食高湯

材料（易做的量）
乾蘿蔔絲…40克
乾香菇…4朵
昆布…5～25克
水…1.5～2杯

作法
將所有材料放進鍋中浸泡一整天後加熱，以中火煮到水份收乾到一杯的量。

自製高湯的鹽分

自製高湯的鹽分通常比市售高湯來得低。

一番高湯：0.09%
二番高湯：0.02%
昆布：0.15%
小魚乾：0.19%
即食高湯：約0.2%

湯底

清爽的湯底

關東風雜煮

材料（4人份）
一番高湯…5杯
薄口醬油…少許
鹽…少許

作法
將一番高湯加熱，放入喜歡的食材，以薄口醬油和鹽調味即可。

入味香醇的高湯蒸蛋

茶碗蒸

材料（4人份）
蛋液…2大顆份
鹽…1/3小匙多
一番高湯…2杯

作法
將所有材料攪拌混合均勻後過濾，放入喜愛的食材後倒進容器中，再放入蒸鍋裡蒸約10分鐘。

以京都風味噌製作

關西風雜煮

材料（4人份）
一番高湯…3杯
白味噌（甜味）…120克

作法
以高湯燉煮芋頭或紅蘿蔔等喜愛的食材，煮軟後溶入味噌。可再加入麻糬、鴨兒芹或黃芥末。

味道濃郁適合燉煮料理

關東風關東煮

材料（易做的量）
二番高湯等…8杯
酒…3大匙
砂糖…2大匙
味醂…2大匙
醬油…6大匙

作法
將所有材料攪拌混合均勻，把較難煮熟的食材先放入鍋裡燉煮。

清爽的關西風

關西風關東煮

材料（易做的量）
昆布高湯…8杯
酒…4大匙
薄口醬油…4大匙
鹽…1小匙
味醂…4大匙

作法
將所有材料攪拌混合均勻，把較難煮熟的食材先放入鍋裡燉煮。

關東煮的由來

據說，關東煮最早出現於江戶時代末期，日語中稱關東煮為おでん，此語即是「田樂」的宮廷用語。最早的關東煮是從燉煮蒟蒻製成的田樂而來。

醃梅子

吃醃梅子就不需看醫生

提到醃梅子，嘴裡便自然而然的竄出一股酸酸鹹鹹的味覺記憶。醃梅子是種能預防疾病、促進健康的食材，且有消除疲勞、改善便秘和貧血等眾多優點。因含較多鹽分，一天吃一個即可，不要過量。

醃梅子也可作為調味料善加運用在各種料理中，無論是哪種料理，加了醃梅子之後能瞬間具有日式風味，其提振精神的酸味具有爽口的作用，是沒有食慾或腸胃不佳時的最佳食材。將梅肉搗碎成泥狀的梅醬更方便使用在各式料理中，也可多多運用。

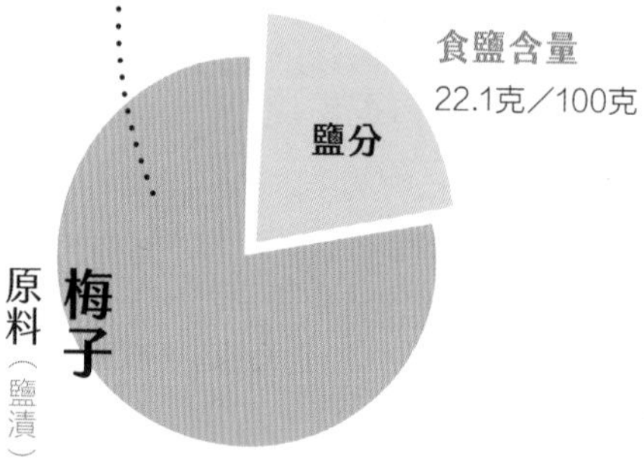

歷史悠久的調味料

製作醃梅子時產生的梅醋，是尚未出現醬油的古早年代裡十分重要的調味料。同時具有酸味、鹹味和香氣的梅醋最適合當作淋醬使用。

燉魚時加醃梅子

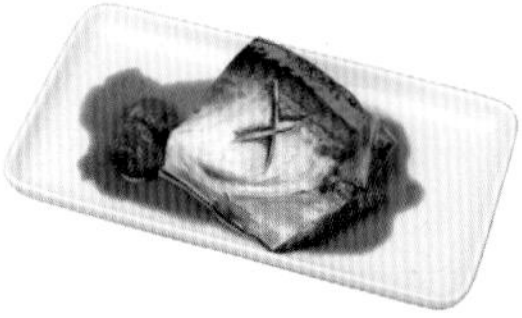

燉魚的時候加上醃梅子，除了能增添鹹味、酸味之外，還有去腥、軟化魚骨的功能。甚至還能延長食物的保存時間，是炎熱夏季的最佳食材。

梅醬的運用方式
烤魚醬

材料（魚4片份）
梅醬…2小匙
高湯…3大匙多
奶油…1大匙

作法
將梅醬放入耐熱容器裡，分次加入少量高湯。放入奶油，微波加熱約30秒左右使其溶化。

梅醬

可當成烤魚醬汁或加在醋飯裡

材料（易做的量）
醃梅子…20個
砂糖…3～4大匙

作法
1 將醃梅子浸泡在水中4～5個小時去除鹽分。
2 將步驟1的梅子瀝乾水分，去籽後搗成泥。
3 將步驟2放入琺瑯小鍋裡，加入砂糖和味醂拌勻，以小火熬煮並一邊用木杓攪拌避免燒焦。等到變成味噌般的濃稠狀就可以關火。

梅酒

可搭配醋漬料理或白肉魚生魚片醬油使用

材料（4人份）
醃梅子…含籽100克
米酒…1/2杯
味醂…1/2杯

作法
1 在鍋中放入醃梅子、米酒、味醂，以小火煮約30分鐘，煮到水分蒸發成1/2的量左右。
2 取出梅子，將煮好的酒倒入乾淨的保存容器中冷藏，梅子也要冷藏保存。

梅子煮魚

能減少青背魚的特殊氣味

材料（沙丁魚6尾份）

調味料
- 醃梅子…4個
- 薑絲…30克
- 醬油…5大匙
- 砂糖…2大匙
- 味醂…2大匙
- 米酒…2大匙
- 煎茶

Memo

用煎茶來煮青背魚，更能減少青背魚的氣味。在完成前擺上青紫蘇，更能有清爽的口感。

基本食譜

材料（4人份）

沙丁魚…6尾
上述材料中的調味料
青紫蘇絲…5片份

作法

1 去掉沙丁魚的頭部和內臟切塊。

2 在鍋中放入調味料攪拌混合均勻，把步驟1的魚塊在鍋中排好並倒入剛好淹過魚塊的煎茶，以中火煮滾後改小火再燉煮約10分鐘。

3 把火略為轉強再燉約10分鐘，盛盤以青紫蘇裝飾。

義式梅子燉雞

適合雞肉的西式燉煮料理

材料（雞肉600克份）

湯底
- 醃梅子…4個
- 白酒…1/2杯
- 法式清湯…1/2杯
- 醋…1/3杯
- 檸檬汁…2小匙
- 橄欖油…1大匙

作法

雞肉切塊以橄欖油煎，加入湯底，以中火不加蓋燉煮15～20分鐘，待湯底的水分變少收乾後均勻淋上檸檬汁。

梅醬拌豬肉

用肉類來做點小菜

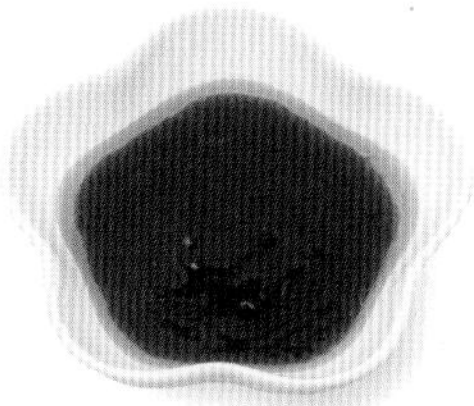

材料（豬肉300克份）

梅肉…2個份
醬油…2大匙
米酒…1大匙
麻油…1大匙

作法

將梅肉之外的調味料煮滾， 再與梅肉拌勻。最後和豬肉、帶有香氣的蔬菜類搭配即可。

梅子淋醬

炎熱夏季的絕佳美味

材料（易做的量）

梅肉…1小匙
鹽…2小匙
胡椒…少許
砂糖…1小匙
醋…5大匙
沙拉油…1/2杯

作法

將所有材料放入保存容器中，蓋緊瓶蓋後上下搖晃使其混合均勻。因淋醬的食材會分離，每次使用前要再充分搖晃均勻。

中式梅子淋醬

適合搭配蔬菜、蒸雞肉

材料（易做的量）

梅肉…1大匙
薑末…10克
蒜末…10克
紅辣椒末…1根份
醬油…1/2杯
麻油…1大匙

作法

將所有材料放入保存容器中，蓋緊瓶蓋後上下搖晃使其混合均勻。因淋醬的食材會分離，每次使用前要再充分搖晃均勻。

醃漬品

醃漬食品特有的濃郁滋味

日本古代有一種反覆將蔬菜浸泡海水後曬乾，提高鹽分濃度的保存食物方式稱為「鹽漬」。現在除了會醃漬蔬菜，也會把野菜、水果等可以醃漬的食材做成醬油漬、味噌漬、酒糟漬、米糠漬等，各種醃漬液或醃漬醬的種類也愈來愈多。

近年來消費者的健康意識抬頭，醃漬時間較短的淺漬，或含鹽量較低的低鹽醃漬品都大受歡迎。可以將這些醃漬品運用在各式料理中，做出更多變化版的美味料理，讓餐桌生活更多采多姿。

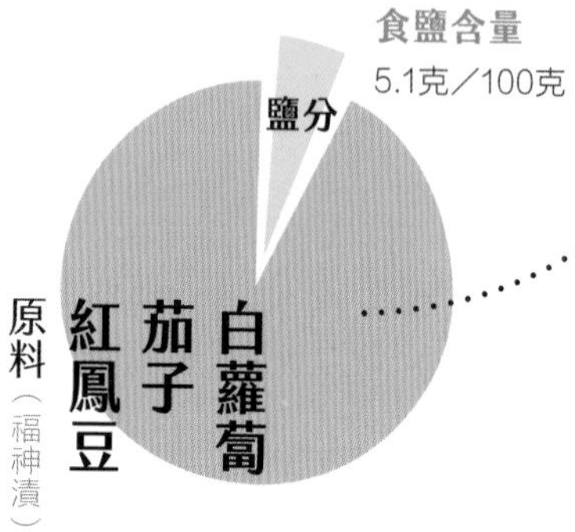

七福神的由來

最早的福神漬是以醬油和味醂醃漬白蘿蔔、紅鳳豆、茄子、香菇、蕪菁、土當歸、紫蘇等7種食材而成。之後將這7種食材比喻為七福神，而有福神漬這個名稱。

福神漬拌菜

簡單拌一下就好吃

材料（小黃瓜3根份）

市售的福神漬…30克
醬油…少許
麻油…1大匙

作法

以醬油、麻油浸泡切碎後的福神漬增加香氣，與拍碎的小黃瓜、白蘿蔔等蔬菜拌勻。

榨菜湯

帶出榨菜的香氣和美味

材料（4人份）

調味榨菜…80克
雞骨高湯…4杯
調味料
- 鹽…1/3小匙
- 醬油…1小匙
- 酒…1大匙

基本食譜

材料（4人份）

豆腐…1/2塊
熟竹筍…1個
蔥…1根
上述材料的湯底和食材

作法

1 將材料中的榨菜切碎，放入雞湯中加熱。
2 將所有食材全部切成絲。
3 等步驟1煮滾後放入步驟2，加入調味料後再稍煮一下即可。

泡菜

食鹽含量
2.2克／100克

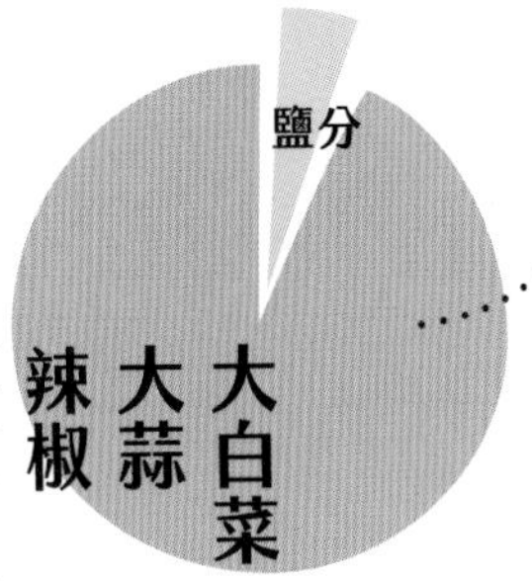

原料（大白菜泡菜）

令人上癮的泡菜滋味

在日本「泡菜」一詞通常是指大白菜製成的泡菜，但「泡菜」（辛奇／Kimuchi）其實是朝鮮半島對醃漬食品的通稱，據説種類多達一百多種。

因韓劇大受歡迎的影響，日本的韓式料理店大幅增加，泡菜也成為日本人非常熟悉的食材，各家食品製造商也根據日本人的喜好推出多種泡菜風調味料。可以多加運用這些方便使用的產品醃漬各種食材、煮火鍋、炒菜、燉煮料理、炒飯等，享受道地的韓風美味。

藥念醬

韓國將製作泡菜時使用的調味料稱為「藥念」（양념／약념）。以鹽漬烏賊或牡蠣等海鮮，搭配梨子等水果，再用乳酸菌使其發酵，可以讓泡菜更為鮮甜可口。

清爽泡菜醬底

恰到好處的辣度和清爽甜味

材料（易做的量）

蒜泥…2小匙
薑泥…2小匙
辣椒粉…3～4大匙
韓式辣醬…2大匙
鹽…1小匙
蜂蜜…2～3大匙
白芝麻粉…2大匙

作法

將所有材料攪拌混合均匀。

經典泡菜醬底

濃縮鮮美甜味的精華醬料

材料（易做的量）

蔥…2～3根
大蒜…1/2瓣
薑…1/2瓣
蘋果…1/4個
魩仔魚乾…20克
辣椒粉…2大匙
昆布茶…1/2大匙
熱水…1.5大匙
砂糖…1大匙
魚露…1/2大匙
鹽…1/2小匙

作法

蔥切碎，大蒜、薑、蘋果都磨成泥。以熱水調匀辣椒粉和昆布茶，再加入砂糖、魚露和鹽攪拌均匀，最後加入魩仔魚蛋乾與所有材料混合拌匀即可。

泡菜起司魚肉焗烤

材料（4人份）

白肉魚…4片
番茄…2個
茄子…2個
泡菜醬底（市售或右側食譜的醬底）…4大匙
披薩用起司…100克
沙拉油…2.5大匙
鹽、胡椒…各少許

作法

1 將魚切成適合食用的大小，灑鹽和胡椒。
2 番茄和茄子切成1cm的厚度，灑鹽和胡椒。
3 以2大匙的沙拉油炒茄子後盛盤。再加1/2大匙翻炒步驟1。
4 將所有食材放入焗烤盤，淋上泡菜醬底再鋪上起司放進烤箱中烤7～8分鐘。

用泡菜醬底醃漬鹽漬蔬菜
…即食泡菜

拌切碎蔬菜
…韓風拌菜

炒豬肉
…泡菜豬肉

做火鍋湯底
…泡菜鍋

加工肉品

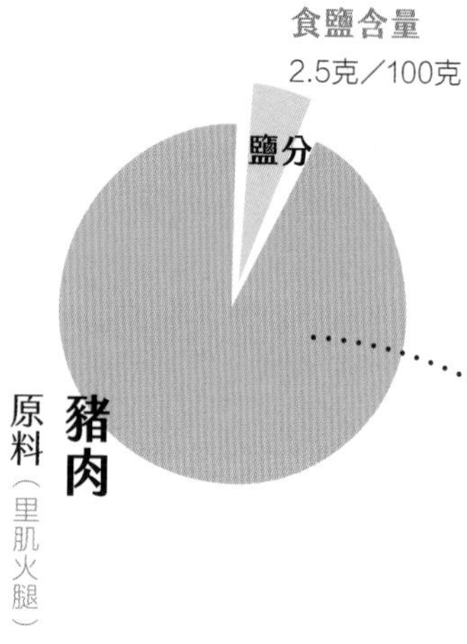

關於鹽

英文香腸sausage這個字源於拉丁文中的鹽salsica，香腸和火腿都是高鹽分的食材，調味時要記得控制鹽分。

其他加工肉品的含鹽量

熱狗、香腸	1.5%
培根	2.0%
生火腿	5.6%

保存方式

務必確實密封並放入冰箱冷藏保存，培根、火腿、生火腿可以冷凍，但香腸冷凍後會造成風味流失，最好不要冷凍。

方便使用的食材

日本的肉類食品加工業正式開始於明治時代，大多是以豬肉為主要原料製成火腿、培根等，也有以牛肉加工製成的烤牛肉、罐頭牛肉、大受歡迎的下酒良伴牛肉乾，或是雞肉的加工製品煙燻雞肉、味噌醃漬雞肉等。

不管是哪一種肉類製品，這些為了延長肉類食品保存期限研發的產品，都可以直接食用，而且多是簡單料理即可的便利食材，可以善加運用。

運用其特點進行料理

切成薄片的火腿可以夾在三明治或沙拉裡，厚切火腿則適合做成火腿排。近年來變得容易買到的生火腿是經過多年鹽漬、乾燥熟成的產品。風味濃郁、肉質軟嫩多汁，是很受歡迎的開胃菜。

培根具有豐富的香氣和脂肪，適合用來增添料理的風味，而且保存期限長，可預先買回放在冰箱裡，等某一天料理需要時就可隨時派上用場。香腸是既能水煮，又可煎炒和燉煮的全能食材。豬肉含有豐富的維生素，是消除疲勞、保持健康的最佳良伴！

帶有培根香氣的馬鈴薯料理

德式煎馬鈴薯

材料（馬鈴薯4個份）
培根…8片
調味料
　鹽、胡椒…各少許
　顆粒黃芥末醬…4小匙
　檸檬汁…4小匙

作法
請參考基本食譜。

德式煎馬鈴薯食譜

材料（4人份）
馬鈴薯…4個
上述材料中的調味料
橄欖油…2大匙
洋蔥絲…1/2個份
巴西利末…1大匙

作法
1 將培根切成3～4公分寬，馬鈴薯微波加熱6分鐘，切滾刀。
2 在平底鍋中加熱橄欖油，放入步驟1的培根拌炒。再加入馬鈴薯和洋蔥拌炒到所有食材都充分浸漬到油脂。
3 加入調味料攪拌混合後盛盤，依個人喜好可以撒上巴西利末裝飾。

以培根取代高湯

培根湯

材料（易做的量）
培根…50克
蒜末…1瓣份
洋蔥片…1/2個份
白酒…1/2杯
熱水…2杯
橄欖油…適量

作法
將培根切成一公分寬，在鍋中倒入橄欖油加熱，依序翻炒大蒜、洋蔥、培根。加入白酒，以大火煮滾使酒精揮發，再倒進熱水和喜愛的食材燉煮。

搭配大白菜等清爽蔬菜

酸味培根拌菜

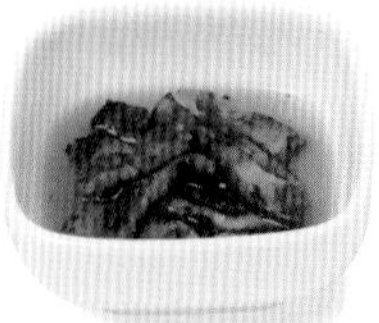

材料（大白菜1片份）
培根…2片
麻油…1小匙
調味料
　壽司醋…2小匙
　鹽、粗粒黑胡椒…各少許

作法
將培根切碎，以麻油炒到脆硬。趁熱倒入放切絲蔬菜的容器裡，加入調味料拌勻即可。

運用午餐肉的油脂炒香苦瓜

午餐肉炒山苦瓜

材料（4人份）
午餐肉罐頭…1/2罐
苦瓜…1根
柴魚片…1小包
鹽…適量
胡椒…少許
醬油…1小匙
沙拉油…少許

作法
將午餐肉切成0.5公分厚的條狀再用油炒，加入苦瓜、豆腐、蛋等食材後放入鹽、胡椒拌炒，最後再加醬油和柴魚即可。

炒香腸增加湯頭美味

法式燉肉

材料（4人份）
香腸…8根
湯底
月桂葉…1片
白酒…1/2杯
水…4杯
鹽…1/2大匙
橄欖油…1大匙
黃芥末…適量

作法
以橄欖油炒香腸，放入高麗菜等喜愛的食材快速拌勻再倒入湯底，以小火慢燉。加鹽調味後盛盤，可搭配黃芥末享用。

法式燉肉是法式關東煮

法式燉肉（pot-au-feu）在法語中意為「加熱的火鍋」，是所有燉煮料理的通稱，可以像日本的關東煮一樣，放入喜愛的食材試試。

香草、香辛料

料理效果

- 香草和香辛料可用來事先醃漬肉類、魚類，既能增添風味又可去腥。
- 在熬煮中式或西式高湯時，添加香料可增加風味。
- 香辛料在料理時加入可增添辣度。
- 香辛料能讓料理有獨特的顏色，像咖哩或西班牙海鮮飯。
- 作為搭配料理的香辛料，讓風味更鮮明。

保存方法

新鮮香草可以用沾濕的紙張包好放進冰箱冷藏，也可浸泡在橄欖油裡，作成風味油。乾燥香草則要避免高溫多濕的環境。

全新的香味食材

以前提到香草herb這個詞，一般大眾可說都有點摸不著頭緒，不清楚這個詞彙是什麼意思。以日本來說，從昭和三十年代，約一九五五年後期開始普遍使用香草，但香辛料spice一詞的歷史卻又比香草更久遠。

香辛料和香草都是香料的一種，但香草的氣味較柔和，香辛料多是具有帶強烈刺激性香氣和辣度的品種。

提升美味的豐富香氣

香料並非主要食材，但一道美味的料理也不是只有食材本身就能使人垂涎欲滴。香料可以用在肉類、魚類或蔬菜料理中，能增添香氣、促進食慾、提升食材的鮮美，可謂重要的配角，善加運用能讓料理更加美味。

在日本也有使用類似香料食材的習慣，像是薑、山葵、紫蘇、鴨兒芹、柚子、芹菜等，都可說是日式香料。

現在可以在超市裡買到新鮮的香草，調味用品區也有種類豐富的乾燥或粉狀商品。多種香草中都含有對人體健康有益的成分和功效，掌握每種香料的特點在製作料理時一定大有幫助。

奧勒岡

口感清爽略帶苦味，有去除腥味的效果，可用在事先醃漬肉類上。

建議搭配料理
番茄醬

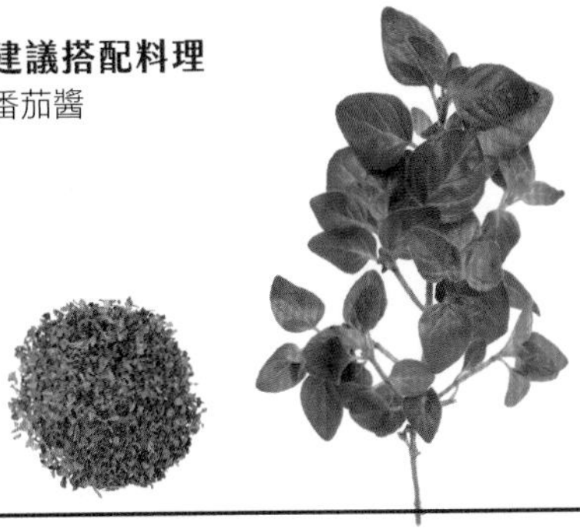

咖哩粉

咖哩粉中含有薑黃、小豆蔻、孜然等多種香料，有些產品甚至混合了40種以上不同的香料。

建議搭配料理
咖哩
炒菜

葛縷子

是種具有清爽甘甜和苦味的香料，有去除飯後口腔氣味的功能，或許適合加在甜點中。

建議搭配料理
作麵包

孜然

是咖哩粉香氣的來源，帶有具刺激性的些微辣度和苦味，炒菜時撒些孜然拌炒也很美味。

建議搭配料理
燉煮類
炒菜

丁香

帶有類似香草的香氣，除了可用來去除肉類腥味外，也是製作伍斯特醬的原料。

建議搭配料理
甜點

五香粉

是種混合肉桂、陳皮、丁香等的混合香料，使用在燉煮料理或事先醃漬炸物上，即可體驗道地的中式料理香氣。

建議搭配料理
中式料理

胡椒（黑）

最普遍的香料，採收未成熟的綠色種子，整粒乾燥後製成，帶有具刺激性的香氣和辣度。

建議搭配料理
肉類料理

胡椒（白）

採收成熟的胡椒種子，去皮後乾燥製成的產品，辣度和香氣比黑胡椒來得溫和。

建議搭配料理
蔬菜料理

芫荽

芫荽即是台灣的香菜（日文又名パクチー，源自泰文），葉片和梗都是東南亞料理中不可缺少的食材，種子可用來製作醬料或咖哩粉。

建議搭配料理
亞洲料理

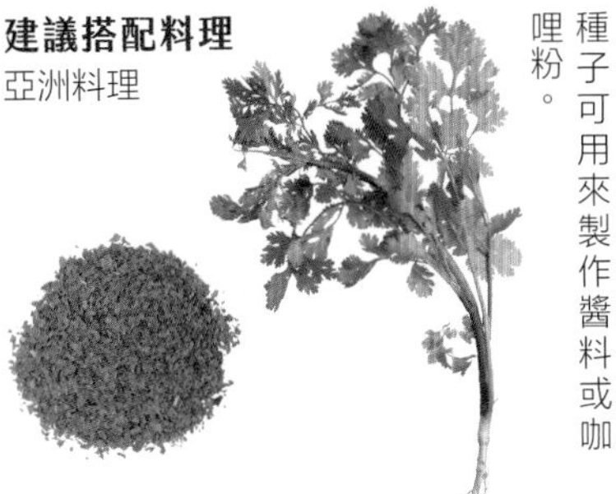

山椒

源自日本的調味料，胡椒木的嫩葉日語稱作「木の芽」，常用在味噌湯或抹在烤豆腐上。中國產的「花椒」也是山椒的一種，但風味稍有不同。

建議搭配料理
魚類料理

肉桂

帶有高雅的香氣和甜味，有溫熱身體的功效，可直接加在紅茶或咖啡牛奶中，非常方便。

建議搭配料理
肉類料理
糖果糕點

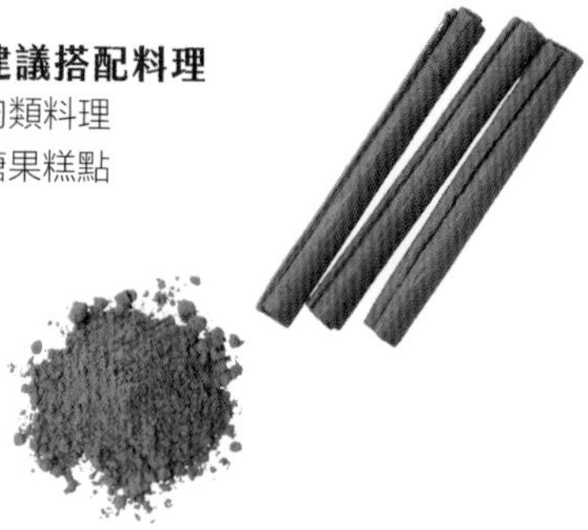

百里香

氣味清新且帶有些微苦味的香草植物，通常會用在肉類或魚類料理上去除腥味，也是伍斯特醬和番茄醬的原料。

建議搭配料理
皆可

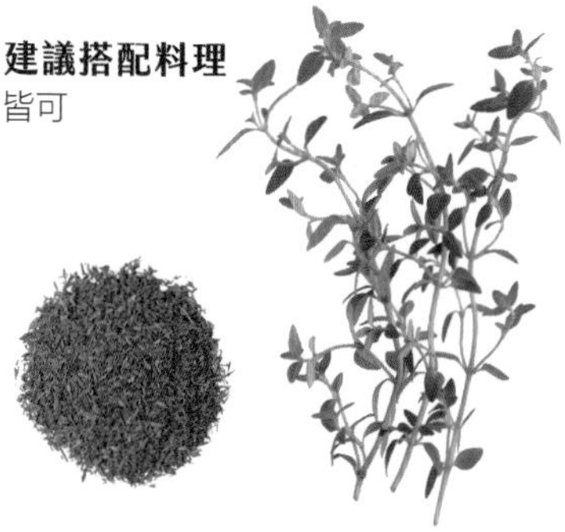

香艾菊

又稱「龍蒿」（Tarragon或estragon），是種具有類似芹菜香氣的香草，帶有溫和的甜味和苦味，是魁蒿（日語よもぎ）的親戚。

建議搭配料理
蛋類料理

細葉香芹

又稱山蘿蔔（chervil），具有清爽細膩的香氣，像巴西利一樣可以用在多種料理上。

建議搭配料理
沙拉
魚類料理

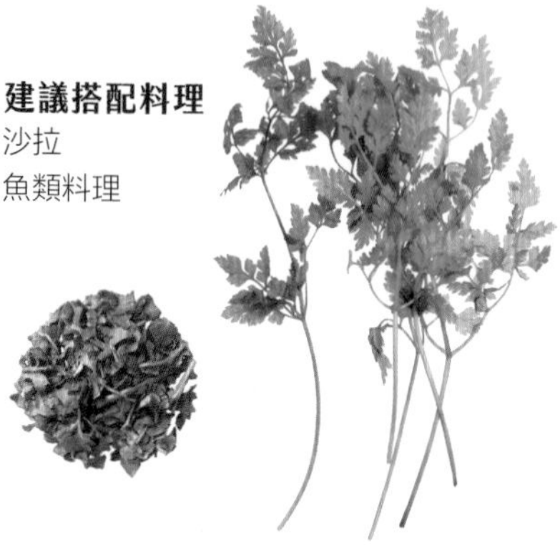

蒔蘿

氣味清新沒有特殊的怪味，和奶油醬非常搭配，常出現在北歐料理中。

建議搭配料理
魚類料理
醋漬類料理

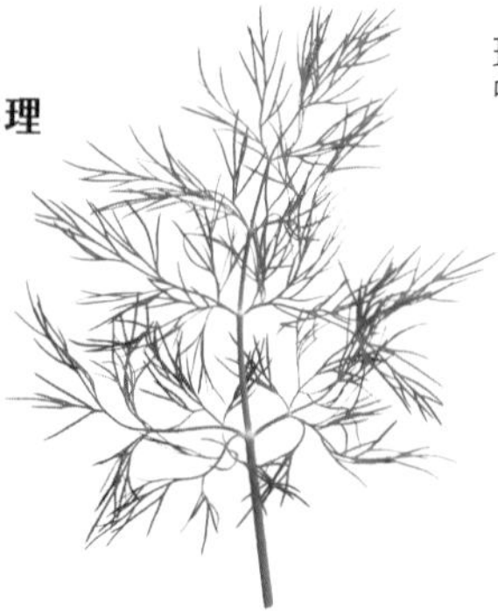

肉豆蔻

具有一股甜香和溫和的苦味，有促進消化的功效，腸胃藥中也含有此一成分。肉豆蔻也有去除肉類料理腥味的功能。

建議搭配料理
漢堡排
糖果糕點

巴西利

常見的香草植物，是義大利料理中常使用的香草，使用方法和日本的紫蘇類似且廣泛，建議使用在拌炒類料理或醋漬料理上。

建議搭配料理
皆可

八角

加在滷肉或炸雞裡，馬上變身為道地的中式美味，有幫助消化的效果，適合搭配重口味的料理。

建議搭配料理
中式料理
肉類料理

香草

香草精是以酒精溶化萃取香草精華後製成的產品，不耐熱。若要在烘焙甜點時使用，可以用香草油。

建議搭配料理
糖果糕點

紅椒粉

以紅椒磨粉製成，可以為料理增添鮮豔的色彩，帶有淡淡的酸甜香氣。

建議搭配料理
蛋料理
湯品

小茴香

是種適合搭配魚類的香草，可加在醋醃魚上或灑在烤魚上都很美味。

建議搭配料理
魚類料理
麵包

薄荷

具有清涼感的香氣是薄荷的特色，常用來裝飾色彩繽紛的甜點，讓甜點看起來更高雅，也可以直接用熱水沖泡薄荷葉，變成薄荷茶飲用。

建議搭配料理
糖果糕點
肉類料理

芝麻菜

具有淡淡芝麻香的香草植物，加熱過度香氣會消失，適合不用充分加熱的料理，也可做成拌菜。

建議搭配料理
沙拉

檸檬草

具有類似檸檬的香氣，是泰國、印尼料理中不可缺少的香料，適合搭配大蒜和辣椒。

建議搭配料理
辣味料理

迷迭香

具有濃烈鮮明的香氣，最適合去除肉類料理的腥臭味，加熱後香氣也不會散去，很適合在燉煮類料理使用。

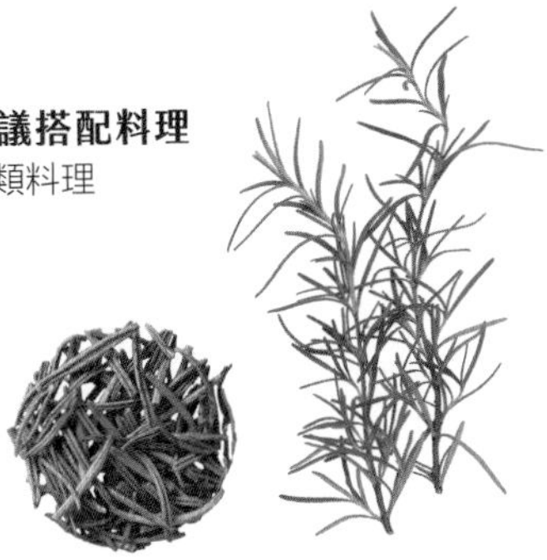

建議搭配料理
肉類料理

月桂葉

帶有清涼感的香氣和些許苦味，最適合去除肉類或魚類的腥味，是料理內臟時不可缺少的食材，可以讓食材的味道更鮮明。

建議搭配料理
燉煮料理

添加椰奶 泰式咖哩

基本食譜

材料（4人份）

蒜末…1瓣份
洋蔥末…1/2個份
咖哩粉…1小匙
紅辣椒…1根
肉桂棒…1/2根
月桂葉…1片
椰奶…1杯

作法

把紅蘿蔔、洋蔥炒軟，放入肉類和蔬菜拌炒。再加入咖哩粉、辣椒、肉桂、月桂葉，注入剛好淹過食材的水燉煮食材，等食材煮熟後倒入椰奶稍煮一下即可。

道地辣味咖哩 絞肉咖哩

基本食譜

材料（4人份）

蒜泥…1瓣份
薑泥…1塊份
洋蔥末…1個份
咖哩粉…2大匙
番茄泥…200克
月桂葉…1片
中濃醬…1大匙

作法

充分拌炒大蒜、薑、洋蔥到釋出香氣，加入咖哩粉後繼續炒。放入絞肉充分炒勻，再加月桂葉和番茄泥攪拌均勻後燉煮，最後再放入中濃醬調味即可。

懷舊的滋味 豬肉咖哩

基本食譜

材料（4人份）

炒洋蔥…1個份
麵粉…5大匙
咖哩粉…2大匙
番茄醬…1大匙
中濃醬…1大匙

作法

將洋蔥炒至焦糖色，加麵粉一起拌炒，再放入咖哩粉攪拌均勻做成基本咖哩醬。翻炒蔬菜和豬肉，煮到食材變軟，加入1/4杯高湯稀釋基本咖哩醬，最後再用上述醬料和番茄醬調味後燉煮即可。

變化版咖哩

高湯燉煮的美味 和風咖哩

加入咖哩粉與炒牛肉和洋蔥混合均勻，以調和的日式高湯燉煮，再加醬油、番茄醬調味，就能變身成美味的和風咖哩。

清爽的滋味 雞肉咖哩

料理前先以優格搓揉雞肉醃漬，食材中加入番茄，就能變身為帶有清爽酸味的咖哩。

成熟的滋味 海鮮咖哩

拌炒蔬菜後加入咖哩粉攪拌均勻，魚類和海鮮則用白酒香煎後擺在盤上。可以在咖哩中加入孜然拌炒，別有一番成熟的滋味。

基本資訊

Summary

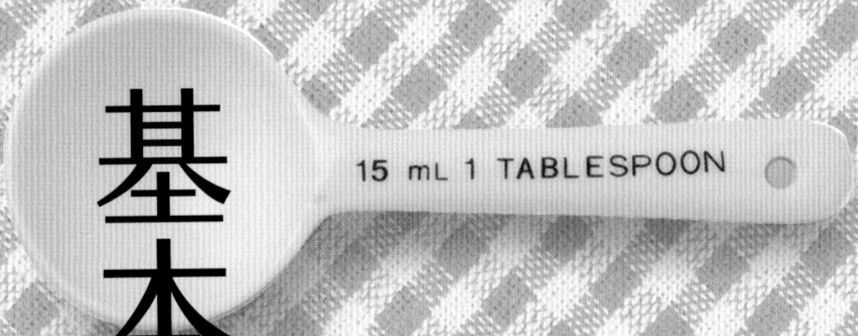

正確的調味料計量方式

1/2 大匙

液體調味料的份量大約是1大匙的2/3左右。

粉狀調味料舀滿1匙後的一半份量，或是以3支手指捏取的量。

1 大匙

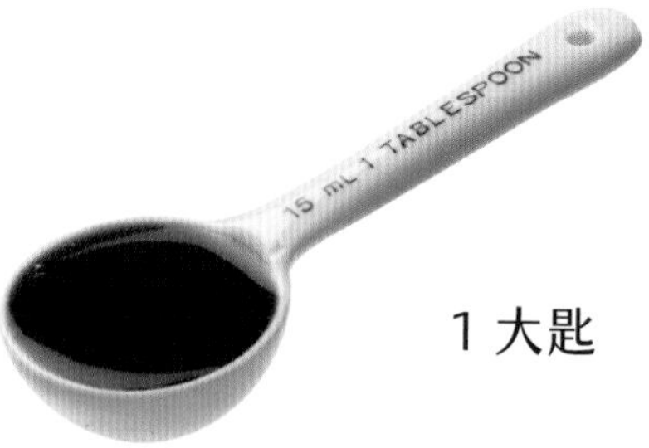

先將液體調味料舀滿1匙，在表面張力的狀態下不會溢出的量。

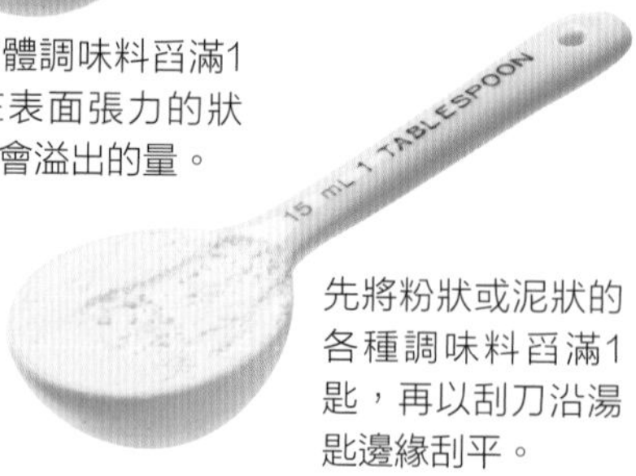

先將粉狀或泥狀的各種調味料舀滿1匙，再以刮刀沿湯匙邊緣刮平。

1 杯

液體調味料倒入杯中，以水平角度平視刻度線，正確計量。

粉狀調味料要將顆粒壓碎後放入，不能敲擊杯底再壓平杯中粉末。量杯表面的粉末需呈水平狀，不能突起。

1 瓣、1 塊

1塊薑約拇指大小20克。

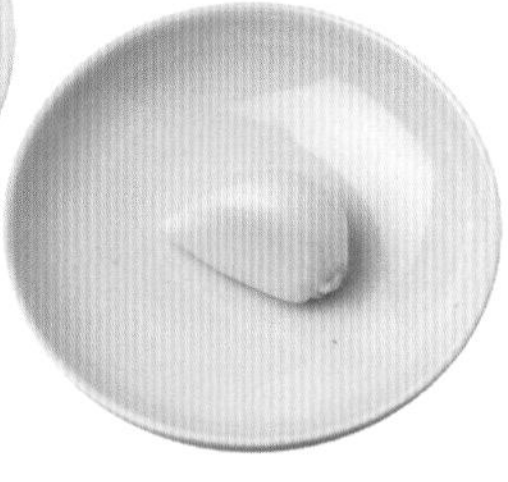

1瓣大蒜指較小的蒜瓣，約10克。

鹽分與糖分

調整調味料的份量，增加料理的變化

若想自己在食譜中調整或變化份量，像是以味噌取代醬油、以味醂取代糖時，並不是以相同份量代替即可，最好事先了解每種調味料所含的鹽分和糖分，再以相同比例取而代之，才能維持料理的風味。

鹽1克份的鹽分＝

味噌約1/2大匙

鹽1克份的鹽分＝

醬油1小匙

鹽1克＝

鹽1/6小匙

砂糖1克份的糖分＝

味醂1/3小匙多一點

砂糖1克＝

砂糖1/3小匙

調味料的重量和熱量

	1小匙 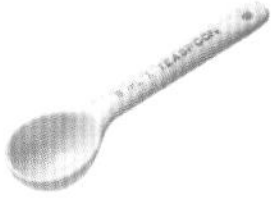		1大匙 		1杯 	
	重量（g）	熱量（kcal）	重量（g）	熱量（kcal）	重量（kcal）	熱量（kcal）
醬油	6	4	18	13	230	163
味醂	6	14	18	43	230	554
味噌	6	12	18	35	230	442
精鹽	6	0	18	0	240	0
上白糖	3	12	9	35	130	499
蜂蜜	7	21	21	62	280	823
咖哩粉	2	8	6	25	80	332
胡椒	2	7	6	22	100	371
番茄醬	5	6	15	18	230	274
伍斯特醬	6	7	18	21	240	281
美乃滋	4	27	12	80	190	1273
起司粉	2	10	6	29	90	428
芝麻	3	17	9	52	120	694
油	4	37	12	111	180	1658
奶油	4	30	12	89	180	1341

編　　著　主婦之友社
譯　　者　陳維玉

責任編輯　蔡穎如
封面設計　走路花工作室
插　　畫　哈囉兔兔
內頁編排　林淑慧

日本版設計　regia（和田美沙季）

行銷企劃　辛政遠、楊惠潔
總 編 輯　姚蜀芸
副 社 長　黃錫鉉
總 經 理　吳濱伶
首席執行長　何飛鵬

出　　版　創意市集
發　　行　英屬蓋曼群島商家庭傳媒股份有限公司城邦分公司
Distributed by Home Media Group Limited Cite Branch
地　　址　115臺北市南港區昆陽街16號7樓
7F., No. 16, Kunyang St., Nangang Dist., Taipei City 115 , Taiwan

讀者服務專線　0800-020-299 周一至周五09:30～12:00、13:30～18:00
讀者服務傳真　(02)2517-0999、(02)2517-9666
E-mail　service@readingclub.com.tw
城邦書店　城邦讀書花園www.cite.com.tw
地　　址　115臺北市南港區昆陽街16號5樓
電　　話　(02) 2500-1919　營業時間：09:00～18:30

ISBN　978-626-7336-52-6（紙本）／978-626-7336-89-2（EPUB）
版　　次　2024年4月初版1刷
定　　價　新台幣490元／港幣163元

製版印刷　凱林彩印股份有限公司

增補改訂　調味料とたれ&ソース　永久保存レシピ647

國家圖書館預行編目(CIP)資料

會調醬就超會煮！647：從家常菜到異國料理，在家也能複製大廚手藝，最值得永久保存、經典不敗的調味料與醬汁全書 / 主婦之友社編著；陳維玉譯. -- 初版. -- 臺北市：創意市集出版：英屬蓋曼群島商家庭傳媒股份有限公司城邦分公司發行,
2024.04
面；　公分
ISBN 978-626-7336-52-6（平裝）

1.CST: 調味品 2.CST: 烹飪 3.CST: 食譜

427.61　112019655

香港發行所　城邦（香港）出版集團有限公司
九龍土瓜灣土瓜灣道86 號順聯工業大廈6 樓A室
電話：(852) 2508-6231
傳真：(852) 2578-9337
信箱：hkcite@biznetvigator.com

馬新發行所　城邦（馬新）出版集團
41, Jalan Radin Anum, Bandar Baru Sri Petaling,
57000 Kuala Lumpur, Malaysia.
電話：(603) 9056-3833
傳真：(603) 9057-6622
信箱：services@cite.my

會調醬就超會煮！647

從家常菜到異國料理，
在家也能複製大廚手藝，
最值得永久保存、經典不敗的
調味料與醬汁全書